石材装饰装修与使用指南

主　编　周俊兴
副主编　蔡丹磊　胡云林　范　寅

中国建材工业出版社

图书在版编目（CIP）数据

石材装饰装修与使用指南/周俊兴主编．—北京：
中国建材工业出版社，2019.7（2021.8 重印）
ISBN 978-7-5160-1364-9

Ⅰ.①石… Ⅱ.①周… Ⅲ.①石料—建筑材料—装饰
材料—指南 Ⅳ.①TU56-62

中国版本图书馆 CIP 数据核字（2019）第 024423 号

内 容 简 介

　　该书从石材的生产、验收、工程设计、施工安全、工程监理、配件使用和后期护理等几个方面进行讲解。本书可供工程业主、普通家装消费者、建筑装饰工程设计和施工及安装人员、石材护理企业人员使用，以便了解和掌握石材知识，学习相关标准，专业地应用好石材，也可供石材相关专业大专院校师生的参考借鉴。

石材装饰装修与使用指南

Shicai Zhuangshi Zhuangxiu Yu Shiyong Zhinan

主　编　周俊兴

副主编　蔡丹磊　胡云林　范　寅

出版发行：中国建材工业出版社

地　　址：北京市海淀区三里河路 1 号

邮　　编：100044

经　　销：全国各地新华书店

印　　刷：北京雁林吉兆印刷有限公司

开　　本：787mm×1092mm　　1/16

印　　张：8.5

字　　数：190 千字

版　　次：2019 年 7 月第 1 版

印　　次：2021 年 8 月第 2 次

定　　价：**88.00 元**

本书编写委员会

主编单位　北京市建设工程物资协会建筑石材分会
主　　编　周俊兴
副 主 编　蔡丹磊　胡云林　范　寅
编　　委　王炳忠　巢守美　李尔龙　魏　艳
　　　　　佘春冠　张　扬　刘延风　邓惠青
　　　　　赫延明　史小锋　鲁　军　喇宏鸣
　　　　　谭云基　王　伟　朱　强　陈宝磊
　　　　　成　军　虞若明　皮海涛　吴菲佳
　　　　　张　曦　郑莆池

参 编 单 位

1. 石材企业

环球石材（东莞）有限公司

北京荔刚石材有限公司

北京康利石材有限公司

北京城宏星石材集团有限公司

福建溪石有限责任公司

山东华峰建筑装饰工程有限公司

福建凤山石材集团有限公司

北京瑞城天宝石材有限公司

山东新峰幕墙装饰工程有限公司

中轻资源进出口公司

内外矿业（中国）有限公司

贵州仁寿矿业有限公司

承德瀚得石业有限公司

2. 建筑工程装饰装修企业

神州长城国际工程有限公司

北京南隆建筑装饰工程有限公司

北京荔恒元装饰有限责任公司

3. 人造石企业

万峰石材科技有限公司

上海古猿人石材有限公司

4. 石材护理企业

北京建海齐昌科技发展有限公司

南京洁天美地环境工程有限公司

郑州新易丰石材有限公司

深圳市协昌石材有限公司

北京中石联合国际石材护理技术研究院

5. 石材胶粘剂企业

武汉科达云石护理材料有限公司

上海爱迪技术发展有限公司

6. 建筑工程设计企业

北京卓艺建筑装饰设计有限公司

序　言

　　在人类发展的长河中，石材作为建筑装饰材料具有数千年的开发与利用历史，进入现代文明社会以后，石材更成为世界各国竞相开发和应用的建筑装饰材料。改革开放四十年以来，我国石材行业发展迅速，在国民经济中地位不断攀升，目前已成为世界石材生产和应用的第一大国。石材产品作为高档装饰材料，具有经久耐用、富丽堂皇、得天独厚的装饰效果和优良的使用性能，是其他装饰材料无法替代的。但由于人们对石材特性缺乏足够的认识，以及在选材、施工和使用方面不得当，造成了一些石材工程出现质量问题和安全隐患。

　　当前石材行业正处于结构调整和转型升级阶段，为了在提升与规范石材行业技术发展水平的同时，指导广大消费者正确使用石材产品，我会承接了《北京市建筑材料使用指南》中的石材项目，现将汇集的项目资料编写为《石材装饰装修与使用指南》一书，该书从石材的生产、验收、工程设计、施工安全、工程监理、配件使用和后期护理等几个方面进行讲解，让消费者通过本书了解石材产品，以达到正确的选材、施工和使用的目的。

原北京市建设工程物资协会会长　王立匡

二〇一九年六月

前　言

本书详细介绍了目前工装和家装中常用到的天然石材品种、人造石种类和各种石材产品形式，各类石材的性能特征与适用场合，石材产品选用的原则和技术指标要求，装饰设计时应注意的事项，相关辅助材料的辨识和优化选择，常用的施工安装工艺及注意事项，现场监理时应注意的事项，工程检验和验收要点，石材常规保养和日常维护等方面的内容，为工程用户和普通消费者提供了解石材、选择石材、使用石材、保养石材等方面的专业知识。本书还介绍了优秀的石材产品和相关辅助材料，推广便捷的专业施工安装工艺，推荐优质的石材护理产品和护理工艺，本书的出版将有助于保障石材装饰装修工程的质量，促进石材应用技术水平的提高，推动石材行业的健康发展。

本书以北京市住房和城乡建设委员会委托北京市建设工程物资协会编写的《北京市建筑材料使用指南》（石材部分）为主线，结合新修订的北京市地标《建筑装饰工程石材应用技术规程》（DB11/T 512—2017），通过大量详实的资料和详细的实际操作介绍，深入浅出地阐述了石材产品的选择、装饰装修过程和使用维护，是行业内长期技术和经验的积累，充分融合了现行石材有关标准的要求，并借鉴了国外先进的应用技术内容。本书适用于工程业主、普通家装消费者、建筑装饰工程设计和施工及安装人员、石材护理企业人员等了解和掌握石材知识，学习相关标准，专业地应用好石材。本书体现了石材绿色装修和应用理念，是广大消费者在装饰装修工程中一本先进、实用的工具书。

编　者

二○一九年六月

目 录

第一部分　概　述

第二部分　天然石材

第三部分 合成石材

第四部分　石材辅助材料

第五部分　石材维护和保养

第一部分
概　述

第1章 综 述

1.1 石材行业发展状况

天然石材因其独具的自然纹理特征、高雅质感和耐久性能，一直受到建筑界的青睐。近年来，随着人们生活质量的提高和审美的个性化，城市建设的加快，社会上掀起了崇尚自然、构建和谐社会的热潮，天然石材可以实现回归自然返璞归真的居住环境。因此，天然石材产品成为越来越多的建筑工程和家庭装修的首选。建筑装修也越来越多地采用天然石材，如高铁、地铁的车站和机场等大型公共建筑，家装中的台面板、过门石、窗台、茶几面、地面或门套等。天然石材不仅经久耐用，而且取材方便。在天然石材的生产过程中，仅在矿山开采和石材加工需要消耗少量电能，产生的废料又可成为人造石材、砌块、混凝土等的原材料，符合我国节能、节材和可持性发展战略。目前，天然石材主要应用在建筑地基和外围幕墙、室内墙地柱面和楼梯装饰、广场和路面、步道、路缘、桥梁等方面。国内石材的需求市场非常强大，年消费量近 10亿平方米，这极大地推动了我国石材行业的快速发展。

在国外，建筑装饰石材的应用已经有 100 多年的历史，虽然我国石材的应用历史悠久，但我国石材现代化开采加工起步较晚，现代化开采加工仅有 60 多年的历史，快速发展是在近 30 年期间。在引进国外先进的开采加工技术和设备后，依靠丰富的资源和低廉的开采加工成本优势，我国石材产品迅速占领了国际市场，使得世界石材加工重心逐渐移到中国，中国成为了世界石材的加工厂。在市场经济条件下，原国有、集体石材企业进行了大的转制，股份制企业、合资企业、私营企业纷纷上马，涌现出了一批诸如环球、溪石、康利、高时、冠鲁、凤山、东成等大型龙头石材企业，同时也形成一批诸如福建南安水头、山东莱州、广东云浮等石材加工、生产、销售大型集散地，每个市场都聚集了上千家大大小小的石材企业。全国各地也先后建立了许多小规模的石材集散地，如四川成都、贵州安顺、广西贺州、湖北麻城、河南、新疆、内蒙古等地。石材应用市场多集中在经济发达地区，如北京、上海、广州、杭州等都建有不同规模的建材市场或石材加工园区。2017 年后，由于北京的环境整治，石材加工厂全部退出北京，转至周边地区，如天津、河北香河等地，但北京仍是我国最大的石材应用市场，在各建材市场中均有销售门店存在。

我国石材行业在消化、吸收国外先进技术的基础上，通过不断创新，逐渐形成了完善的石材产业体系。从矿山开采，到生产加工，经销售和进出口贸易，最终到达石材工程现场，又经设计、施工、安装、验收和维护保养等环节，使石材最终以建筑和装饰艺术形式呈现给消费者。同时催生了石材加工专用机械产业，合金钢砂、锯片和磨料磨具等辅助材料产业，人造石、马赛克、石材护理剂、石材干挂件、石材用胶粘剂等附属产业。石材从原建材领域内的一个小产业，逐步发展为一个新行业，成为继水泥、玻璃、陶瓷后的又一大产业，年产值超过了陶瓷行业成为建材领域内的第三大产业，出口创汇大户。

经过二十多年的高速发展，我国已成为世界石材工业大国，是世界石材的加工基地、出口基地，石材年产量、消费量和进出口量均占世界第一位。2017 年，中国石材板材产量达到 7.45 亿平方米，大理石板材比 2016 年增长 12.2%，花岗石板材产量比2016 年下降 31.6%。石材进出口总值达 97.5 亿美元，其中出口达到 69.5 亿美元，比2016 年下降 7.5%，进口达到 28 亿美元，比 2016 年增长 27%。石材成为我国建材行业第四大产业，行业年产值为 4258 亿元。从 2015 年开始，受到总体经济形势的影响，石材增长速度回落，加上环保风暴的影响，行业又一次进入结构调整时期。

石材开采加工技术不断创新，出现了矿山绳锯和圆盘锯、数控加工中心、水刀、超薄石材加工设备等，有些技术水平达到甚至超过了国际先进水平，使得石材的加工精度和技术含量进一步提高。石材产品从最初的花岗石和大理石地面、墙面规格板材发展成了如今各种规格的工程板、圆弧板，各种形状的球体、柱体、线条；出现了厚板、薄板、超薄石材复合板、墓碑石、文化石、石材马赛克、蘑菇石、广场路面石、石雕石刻以及各种人造石等；表面加工出现了火烧面、荔枝面、仿古面、喷砂面、水蚀面等。石材种类也划分为花岗石、大理石、板石、石灰石、砂岩、亚宝石等几大类一系列产品，石材品种数量达到 1500 余种，市场上常用的进口石材数量达 200 余种，同时也在不断地开发利用并推广新品种、新产品、新工艺。

在石材应用方面，我国吸收了国外先进的干挂技术和干粘技术，并不断改进干挂件的型式，出现了背栓式、背挂式、SE 型等新型挂件；幕墙结构也正在向生态型、舒适型和智能型方向发展，石材幕墙高度已达 230m，最大风载荷已达 12kPa。粘结材料逐渐使用先进的干态水泥胶粘剂、树脂粘结剂等，湿挂湿粘工艺逐步取消使用传统的水泥砂浆材料。石材护理技术于 20 世纪 90 年代引入我国，经过二十多年的快速发展，石材应用护理水平有了很大的提高，石材防护、保养、清洗、结晶以及石材病症治理等方面出现了许多新产品和新工艺，也积累了丰富的经验，形成了一个专门的石材服务产业。

石材行业的飞速发展，也细化了其生产组织结构，实现了更加完善的社会化大生产。石材行业衍生出了石材荒料、毛板、毛光板、工程板、墙地砖、异型石材、石雕石刻、马赛克、复合板、人造石、仿石瓷砖、仿石涂料等产品，应用于矿山开采、生产加工、机械设备、辅助化工产品、设计施工和安装、护理等一系列领域。现代化仓储式生产和销售的需求，给石材行业又带来一次革命，不仅解决了石材大板仓储和运输占地大的问题，同时提高了生产效率和板材出材率，降低了成本，节约了资源，更能接近普通消费者，满足家装领域的需求，成为了下一步行业推广和发展的趋势。

　　合成石材（俗称人造石）主要由天然石材废料和不同胶凝材料经人工复合而成的装饰石材，一般包括实体面材、合成石英石、合成岗石、水磨石等。其中应用最广泛的是树脂型合成石，主要包括大理石粉为主的合成岗石和石英砂为主的合成石英石。北京和上海等经济发达地区是人造石产品的主要应用和消费市场，主要为家装材料和厨卫等台面板，在地板、墙体装饰、楼梯、台面等领域备受青睐。1986 年，我国从意大利引进 5 条人造大理石生产线和生产技术，开创了我国人造石的生产，经过 30 年的发展壮大，全国现有石材生产企业 500 家，年产销量在 2 亿平方米左右，行业年产值 500 亿元左右。产品从原来单一的岗石板材，发展到现在岗石板材、微晶玻璃合成石板、合成石英石板材等多品种并存；花色也从单色系列发展到双色、多色、荧光系列。国内合成石材企业主要集中在广东、福建、广西、河南、山东、湖北、江苏、浙江、上海及其周边地区。我国人造石类产品范围很大，又分为有机和无机等类型，并在建材、化工、轻工、进出口等领域均有不同的要求，不少地方也出台了相关的地方标准，导致合成石材一直没有全面、细致、统一且适合市场需求的标准。近期，我国出台了合成石材术语和分类、树脂型板材及系列试验方法等一系列国家标准，对合成石材产品有了相应的规范，但是随着有机和无机等各类产品的出现，技术工艺、产品性能、应用安装等方面的标准和规范仍存在巨大的缺口。

　　近几年，随着我国提高了环境治理方面的要求，石材行业不计资源成本和环境成本的粗犷式发展势头得到了有效的遏制，行业进入了一个转型时期。污染严重的石材矿山、加工企业及石材集散市场被强制关闭，改造升级了一批具有发展潜力的石材矿山和石材企业。未来绿色、环保、节能、节材等理念将会运用在石材行业的矿山开采、生产加工、安装和应用等领域，树立清洁生产、绿色环保的现代石材加工企业形象。各种新工艺、新产品、新技术会不断出现，体现文化艺术等元素的产品会更多地为现代建筑和客户需求提供更好的服务。

1.2　石材行业产品质量状况

1.2.1　行业总体质量情况

　　北京奥运工程、机场扩建工程、地铁以及上海世博会工程等国家重点项目中，石材作为主要的装饰装修材料，其产品质量有较好的表现，主要为大中型石材企业供货，得到了工程方面的肯定，为国家建设做出了贡献。然而石材行业在整体质量有了大幅度提高的同时，市场上存在的质量问题也不容忽视。如在一次大型工程石材招标检验中，有 40 余家企业送检了 60 余个石材产品，竟然有一半以上产品不合格。尤其是经过企业经销人员在市场上左挑右选出的石材产品，仍会出现尺寸正偏差以及厚度、平面度、角度超差等方面质量问题，达到优等品等级的产品寥寥无几。造成实际供货低于合同要求的等级，给许多工程留下了质量和安全隐患。这说明市场上的石材产品质量问题还很严重，大量的中小型石材企业不重视产品质量，从业人员不懂标准，不仅粗制滥造扰乱市场，同时给这些不可再生的资源造成了极大的浪费。石材行业标准质量意识和产品质量还有待于进一步提高。

我国石材产品质量要求基本高于欧美等国家和地区，这主要是因为欧美等国家和地区的石材标准中对石材产品的加工精度未规定或要求较低，主要依靠设计师的设计要求来控制。例如，美国（ASTM）标准未规定尺寸偏差，欧洲（EN）标准中的尺寸偏差要求为室外石材 ±20mm 和室内 ±2mm；而我国标准中规定的优等品、一等品指标为 0 ~ −1mm，主要来自于机加工设备的精度和优质装饰工程的要求。我国标准同时吸收了欧美标准中对材质物理性能的高要求，因此我国石材产品标准是目前世界上最完整、要求最高的标准，仅区别于日本客户的正偏差要求。我国企业的石材产品如整体能达到国家标准中规定的合格品以上要求时，质量在国际上也将是令人信服的。

我国石材产业的快速发展，得益于引进国外先进的加工设备，以低廉的成本很快占领了国际市场。到目前为止，国内还没有专门从事与石材有关的创新研发机构，整个石材行业的研发资源非常分散，分布在少数企业、院校和有关的研究院（所）内，从矿山开采到石材应用的诸多技术、工艺和方法、装备、辅助材料、标准等仍处于模仿、引用国外技术的阶段，与国外先进水平存在较大的差距。我国石材资源的出材率不到30%，国产石材的价格仅为世界平均价格的1/6 ~ 1/4，产品整体处于中低端状态。

石材行业不属于高耗能产业，仅在矿山开采和加工中使用少量的电能，是国家鼓励和发展的一个极具潜力的新兴产业。目前，由于缺乏有效的管理和规范，在排污方面存在较大问题，粉尘、噪声和白色污染问题比较严重。尤其是在矿山方面，缺乏有效的管理和标准依据，出材率低，致使大量的资源被破坏，碎石被乱堆在山谷和路边，不仅破坏植被、占用土地，同时存在极大的安全隐患。不少石材企业没有经过任何处理，随意将切割水排放，使带有石粉的水流入河流，形成白色污染。石材集中加工区域的噪声和粉尘等污染也是相当严重的。

我国在石材的放射性方面监控比较严格，国内石材品种绝大多数属于 A 类要求，使用不受限制。进口大理石品种的放射性水平可达到免检的水平，小到可以忽略不计。一些进口的花岗石品种在我国进出口检验时退回 C 类以上的品种和批次，因此市场上见到的石材品种大部分是 A 类产品，少量属于 B 类产品，但使用在广场、幕墙和室内公共场合时不受影响，使用在室内的小面积产品，如窗台、茶几面等，不会对人体造成辐射伤害。市场上对大理石等石材的放射性危害片面宣传纯属商业炒作，不应该成为选择石材和广泛应用石材的障碍。

1.2.2　生产加工中的质量问题

2015 年第二季度，国家石材质量监督检验中心和国家石材产品质量监督检验中心（广东）联合对涉及北京、福建、山东、广东、广西、上海、云南和湖北共 8 个省、自治区、直辖市 55 家企业的 55 个批次石材产品进行了监督抽查，有 10 个批次产品不合格，产品合格率为 81.8%。不合格项目包含长度偏差、宽度偏差、厚度偏差、镜向光泽度、角度公差、弯曲强度等。抽查结果显示，大型企业产品和小型企业产品合格率分别为 83.3% 和 85.2%，质量高于全国平均水平；中型企业产品合格率为 75%，质量略低于全国平均水平。

抽查结果反映了近些年随着石材行业的发展，行业的质量意识并没有明显好转，由于市场竞争和价格的原因，企业过多地关注于利润和市场，淡漠了产品质量管理，吝啬于产品质量方面的投入和检验。产品质量抽查暴露出的主要问题是板材产品的长度、宽度、角度较差，部分石材品种弯曲强度性能低于标准的技术指标要求。这些不合格的检测项目在使用过程中不仅会降低装饰装修的效果，影响伸缩缝，还会影响到工程的安全。随着时间的推移，石材的耐气候性能会降低，从而减少石材的寿命，也会埋下安全隐患。

从抽查结果看，大部分石材生产企业都能生产出符合国家推荐产品标准中规定的"合格品"以上质量等级要求的产品，产品的信誉度也比较高。目前这些企业是我国大型、高档建筑物的装饰材料的主要供货商，也是生产出口板材的主要企业。

1.2.3 流通领域的质量问题

我国石材行业目前主要应用在工程项目领域，多以工程设计进行加工，质量问题多出在不能满足设计要求。如在材质和加工质量方面出现降级等，有少数企业在品种方面以次充好，以假乱真，以国产冒充进口，甚至使用染色、高温处理等方式，在价格方面进行欺诈。在毛光板等大板方面，企业为了提高出材率，降低成本，将毛光板的厚度降低，例如将 20mm 的板材加工成 15～17mm；光泽度也不能达到规定的要求。这些板材无论是使用粘结还是干挂方式施工，都会存在安全、质量等问题，重负荷地面使用也达不到设计和使用寿命的要求。市场规格板方面，主要是 600mm×600mm×20mm 的规格板，在长度、宽度、厚度、平面度、角度、光泽度方面均存在不同程度的质量问题，这样的产品难以装修出优质的石材工程。

近些年，消费者反映比较集中的问题是大理石的坚固性问题。有些石材质地疏松，企业在生产过程中进行了灌胶加固，由于缺乏对胶的质量监控和性能评价，石材在使用一段时间后出现表面脱落现象，造成外观质量受损严重，影响石材的美观和使用。尤其是高档装修后，出现的此类问题，给消费者造成的是心理阴影，然而此类现象目前从产品标准方面还得不到有效的解决和鉴别。另一类反映比较集中的问题是大理石地面翻新后出现的问题，一些质地坚硬的大理石，如莎安娜米黄、西班牙米黄，安装后现场进行了打磨，导致光泽度下降；一些不具备资质的护理企业或施工队对安装后的大理石和石灰石地面进行晶硬处理，由于各方面的原因导致地面出现碎裂、腐蚀、污染或掉渣等，有的在短期内表面就失去光泽，然后不断地反复进行翻新处理，给用户带来了很多的不便，产生大理石不易打理的错觉。人造石施工安装后出现的问题也是比较突出的，地面使用人造石后许多都出现分层、开裂、变形、发黄等问题，多以水泥胶粘剂和表面带水清洁引起的，有的则是因为使用在室外墙面等不适宜的地方发生的，有的则是石材生产工艺问题造成的，因没有相关标准依据，此类问题一直得不到很好的解决。

近几年，在建筑装饰装修材料专项整治中，石材行业未见明显的成效。石材行业门槛低，从业人员整体技术水平偏低，职业素质不高，石材行业整体"小、土、散、乱"的局面没有改观。

1.2.4　石材安全方面的质量问题

石材是一种脆性装修材料，在给城市带来美感的同时，也潜在着很大的安全隐患。特别是石材幕墙的安全问题尤为突出，被称为"空中杀手"和"悬在人民头上的一把刀"。2005 年 9 月，中国建筑装饰协会受建设部委托对全国十个城市的石材幕墙进行调查，发现 9.38% 的石材幕墙存在安全隐患，尤其令人堪忧的是最近 10 年投入运行的幕墙其一般故障隐患和有安全隐患的比例都高于运行 10 年以上的幕墙。2005 年，上海将幕墙列入"七大可能危害城市安全的新致灾源"之一。例如，位于北京朝阳门的外交部大楼有干挂石材掉下来，新保利大厦施工时因干挂板材坠落造成人员伤亡，西单中银大厦的干挂石材在使用了 8 年后出现了表面裂缝等事故。

我国于 1984 年开始出现幕墙装饰工程，经过 30 多年的发展，我国各类幕墙广泛地应用在建筑工程的外围护结构中，其中以石材幕墙居多，其次是玻璃幕墙、铝单板幕墙。天然石材是所有面材中脆性和重量最大及内在质量最难控制的材料，也是装饰风险最大的材料，质量问题层出不穷，因石材坠落而造成的人身事故时有发生。因此，石材安全是行业要高度重视的问题。

1.2.5　行业主要质量问题分析

从这几年的总体质量上看，石材行业的质量呈现忽好忽坏的震荡趋势。尽管石材行业的加工机械越来越先进，但是由于市场的激烈竞争，竞相压价，造成石材价格偏低，企业的质量意识越来越淡薄，单纯地去追求经济利益。大部分企业没有完全按标准组织生产，许多从业人员没有掌握相关的标准，尤其是管理和经销人员，不了解、不熟悉标准。造成实际供货低于合同要求等级，原因是以低价高等级竞标，生产时则以低等级来降低成本，甚至粗制滥造，给许多工程留下安全隐患，同时也经常引发争议和出现需求方索赔现象，给各方都造成了巨大的经济损失。一些企业片面地相信有先进的设备就能生产合格的产品，加工厂内没有专职的质检人员和符合标准的检测量具和检验设备。有些企业对工程订单只派一个懂业务的职员跟单，其他流程则完全由一线工人自己控制，有的员工没有经过任何培训，甚至不知道石材标准是什么。到目前为止，没有一家企业配备完全符合标准的量具，甚至是通过 ISO 9000 系列标准认证的企业。许多企业使用早已淘汰的对角线法量角度，测平度更是五花八门，石头条、木条、铝型材等，好一点的企业使用了木工角尺或自制的角尺，却大部分没有通过计量。许多石材企业只有在工程需要时才去做检验，能混过去就可以不去检验，有的甚至复印假报告蒙混过关，往往在工程结款时造成被动，重则走上了仲裁和司法道路。有的材料强度低，厚度薄，本不适合工程幕墙使用，但在工程完成后验收或后期结款时才去做检验，但为时已晚，为工程留下安全隐患。

　　另一方面，我国建筑行业对石材产品的发展和进步缺乏全面的了解，加上石材施工规范不健全，使得从工程业主到设计人员、工程监理以及建筑施工企业对石材产品不甚了解，对加工质量重视不足，为许多假冒伪劣产品大开绿灯，一定程度上制约了石材行业的发展。许多具有不同程度质量缺陷的石材产品被挂上墙，有的石材从设计开始就具有许多不确定因素，例如在外墙使用强度低、分散性大、耐酸碱性差的石材，有的石材设计厚度达不到足够的安全要求，新型复合材料技术不过关等，再加上施工单位技术力量薄弱，部分施工人员的不负责任，更增添了许多安全隐患。

　　目前，各级和各部门产品检验机构都先后增设了石材产品的检验项目，并开展了检验工作。有的地区已经出现了私人投资兴办的质量检验机构，不少大型企业和国外机构都在酝酿成立检验机构。检验市场也出现了激烈的竞争和混乱的局面，许多企业被各种上门检验搞晕了头，不知所措。一些检验机构不择手段以免费检测，然后电话通知产品不合格来交费等手段恐吓、诱骗企业交检测费，产品质量未得到有效的监控，检验市场也急需整顿。

1.3　石材行业标准化发展状况

1.3.1　综述

　　我国早期的石材标准化工作由原国家建材局人工晶体研究所负责，可查询到的最早石材标准有《天然大理石建筑板材》（JC 79—84）、《天然大理石荒料》（JC 202—76）、《天然花岗石荒料》（JC 204—85）、《天然花岗石建筑板材》（JC 205—85）。1987年，经国家建材局的批准，在人工晶体研究所物化室的基础上建立了国家建材局石材质量监测中心，开始了我国石材标准的全面制定工作。1988 年制定出台了我国首部石材试验方法国家标准，《天然饰面石材试验方法》（GB 9966.1～9966.6），包括干燥、水饱和、冻融循环后压缩强度试验方法，弯曲强度试验方法，体积密度、真密度、真气孔率、吸水率试验方法，耐磨性试验方法，镜面光泽度试验方法，耐酸性试验方法。1992年，除了对原有的 4 项行业标准进行修订，出台了 92 版新标准外，还制定出台了石材行业术语国家标准《天然饰面石材术语》（GB/T 13890—92），修订出台了《加工非金属硬脆材料用节块式金刚石圆锯片》（JC 340—92）和《加工非金属硬脆材料用节块式金刚石框架锯条》（JC 470—92），参与制定出台了《建筑水磨石制品》（JC 507—93）等标准。

　　1997 年至 2000 年期间，先后制定出台了《天然石材统一编号》（GB/T 17670—1999）、《异型装饰石材》（JC/T 847—1999）、《建筑装饰用微晶玻璃》（JC/T 872—2000）等标准。2001 年对 92 版的标准进行了修订，新出台了《天然板石》（GB/T 18600—2001）、《天然花岗石建筑板材》（GB/T 18601—2001）、《天然饰面石材试验方法　第 5 部分：肖氏硬度试验方法》（GB/T 9966.5—2001）、《天然饰面石材试验方法　第 7 部分：检测板材挂件组合单元挂装强度试验方法》（GB/T 9966.7—2001）、《天然饰面石材试验方法　第 8 部分：用均匀静态压差检测石材挂装系统结构强度试验方法》（GB/T 9966.8—2001）等标准。

2005年先后出台了《天然大理石建筑板材》（GB/T 19766—2005）、《干挂饰面石材及其金属挂件》（JC 830.1～830.2—2005）、《天然花岗石墓碑石》（JC/T 972—2005）、《建筑装饰用天然石材防护剂》（JC/T 973—2005）。2007年出台了《超薄天然石材型复合板》（JC/T 1049—2007）、《地面石材防滑性能等级划分及试验方法》（JC/T 1050—2007）、《天然石材装饰工程技术规程》（JCG/T 60001—2007）等石材标准。

为适应我国石材行业不断发展壮大的现状，规范石材加工生产的过程、材料的选择及石材产品的应用，促进石材标准和国际化的发展，2008年经国家标准化管理委员会批准，筹建成立了全国石材标准化技术委员会（SAC/TC460），与国际石材标准化技术委员会（ISO/TC 196）相关联，并分别成立了下设的三个分技术委员会，即管理规范和应用技术及规范分技术委员会（SAC/TC460/SC1）、产品及辅助材料分技术委员会（SAC/TC460/SC2）、专用机械分技术委员会（SAC/TC460/SC3）。2016年，在广东云浮市单独成立了全国石材标准化技术委员会合成石材分技术委员会（SAC/TC460/SC4）。我国石材标准化工作组织机构的全面建立，标志着系统化、规范化地开展石材标准化工作的开始。

石材标准化技术委员会成立初期，通过多次的研讨和论证，根据我国石材标准现状，确立了全国石材标准化技术委员会成立后的近期标准化工作任务：补充和完善我国石材工业发展所急需的标准，初步建立我国石材较完善的标准化体系；中长期标准化工作任务：在消化吸收国外先进标准的基础上，补充完善石材标准化体系，以促进行业技术进步、加强管理、节能节材、环保、循环经济、废物利用、工程安全等为核心，加强石材标准化研究及相关标准的制修订。

新形势下，围绕石材行业"十三五"期间的工作重点，石材标准化工作重点为：淘汰落后产能、实现绿色制造；优化产业结构，发展多元化产品，提升技术含量；充分利用石材矿山资源，发展循环经济；提高企业自主创新能力，增加产品的艺术品质和文化内涵，打造一批国际品牌、绿色产品品牌；推进我国石材装备制造水平的提升，实现走出去战略；坚持国际化发展原则，保持产业持续稳定增长。

淘汰落后产能、实现绿色制造就是紧紧围绕石材加工企业和矿山生产企业低端的生产加工方式，导致行业脏乱差的局面和影响环境的现状，控粉尘，降噪声，循环利用加工水，综合利用石粉、废料，加强对企业的管理和引导，实现产业绿色开采和生产加工。通过进一步完善和宣贯落实行业标准《装饰石材露天矿山技术规范》和协会团体标准《天然石材矿山生产管理规范》《石材产业园区建设标准》《石材行业清洁生产技术规范》等，鼓励、引导企业进入工业园区统一管理，依法依规对号入座地推动淘汰落后产能，并制定相关产能退出市场的有关规则，推动规模小、产能利用率低、不经济的产能退出市场；另一方面对保留的产能不仅由中低端发展转向中高端发展，而且确保生态环境优美，实现清洁生产，合理利用资源。废水达到零排放并循环利用，噪声和粉尘排放必须达到国家规定的标准，实现绿色环保和资源的综合利用。

鼓励企业发展利用废弃物生产的石雕石刻、拼花、马赛克等异型石材产品，以石粉和废料为原材料生产的树脂型合成石和无机型合成石等新型装饰装修材料,以薄型石材和保温材料、轻型材料复合而成的节材、节能新型装饰材料,以及消耗石材加工废料的砖瓦和砌块等建筑材料产品,实现资源的节约和循环再利用。

围绕建筑现代化的推进,满足消费者不断增长的需求,石材作为中高档建筑装饰材料,实现艺术与文化的传承,配合商业、旅游业的发展,石材产品的创新空间巨大,产品的品质、功能、文化内涵不断提升,市场应用领域也在不断扩大。培育企业的技术创新能力,加强石材先进设备和工艺的研发,充分利用互联网思维,推动行业服务能力的提升,打造一批石材产品品牌,提升我国石材产品在国际上的竞争力。

支持石材开采、加工和人造石制造关键装备技术的攻坚;促进人造石产品的研发,加快产品档次的提升;积极发展异型产品、石材马赛克、拼花等精深加工、高附加值产品,推动石材复合板、装饰保温一体化石板材、薄板及超薄复合板、石材建筑构件等多功能产品,有序推进结构的调整和产品创新的提升,加速淘汰落后产品。

围绕中国石材装备制造 2025 规划,瞄准国际领先的石材开采和制造装备,结合我国石材矿山和石材加工的实际,提升我国石材行业的技术装备,特别是大型高效的采矿设备、石材加工高端的专用设备,优化人造石生产线、自动化补胶生产线、链臂锯和加工中心、污水处理系统、粉尘收集等先进装备,提升开采加工的水平与能力,提高装备的质量和产品的质量。

支持企业积极开拓国际市场,促进国际贸易的发展,提高我国石材产业在国际上配置资源的能力。鼓励企业"走出去",以资本输出、技术输出积极参与国际市场竞争,进入国际石材高端产业链。通过国际合作,加强国际上优质、名贵石材资源战略开发,在境外开展加工贸易,出口石材机械装备,承接国际工程承包项目和安装服务等。

1.3.2　石材标准体系框架

全国石材标准化技术委员会的业务范围:石材(天然和人工合成)、石材专用辅助材料、石材专用机械设备、应用技术规范及管理等领域标准化工作。

石材领域内标准体系框架如图 1-1 所示。

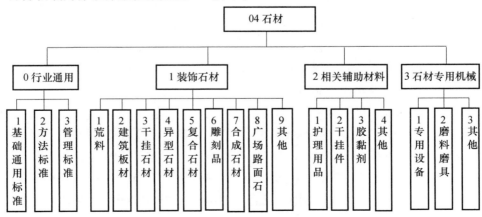

图 1-1　石材领域内标准体系框架

1.3.3 石材标准化技术委员会体系表

全国石材标准化技术委员会体系示意表见表1.1。

表 1.1 全国石材标准化技术委员会体系表

体系类目代码	体系类目名称	GB/T4754中行业分类代码	SAC/TC/SC编号	SAC/TC/SC名称	工作领域	国际标准化组织TC/SC编号及名称	ICS	中标分类
202-19-03	砖瓦、石材及其他建筑材料制造	313	TC460	石材	石材	ISO/TC196 Natural Stone（天然石材）	91.100.15 矿物材料和产品	Q21 石材制品
202-19-03	砖瓦、石材及其他建筑材料制造	313	TC460/SC1	石材/管理规范和应用技术及规范	石材管理规范和应用技术及规范		91.100.15 矿物材料和产品	Q21 石材制品
202-19-03	砖瓦、石材及其他建筑材料制造	313	TC460/SC2	石材/产品及辅助材料	石材产品及相关辅助材料		91.100.15 矿物材料和产品	Q21 石材制品
202-24-02-99	其他非金属加工专用设备制造	3629	TC460/SC3	石材/专用机械	石材专用机械		73.120 矿产加工设备	Q90/99 建材机械与设备
202-29-01	工艺美术品制造	421	TC460/SC2	石材/产品及辅助材料	石材工艺美术制品		97.150 铺地非织物	Y88 工艺美术品
202-19-03	砖瓦、石材及其他建筑材料制造	313	TC460/SC4	石材/合成石材	合成石材产品及工艺技术	—	91.100.15 矿物材料和产品	Q21 石材制品

1.3.4 新发布实施的石材标准情况

全国石材标准化技术委员会从成立起，一直在着手建立完善的石材标准体系，先后承担了66项标准制修订项目计划，其中国家标准计划44项，行业标准项目计划22项。通过不断地开展标准制修订工作，先后完成了一大批石材新标准项目，为规范和引导行业的发展做出了贡献。同时石材领域还出现了一些其他归口的国标和行标，丰富了石材标准体系，完善了产品结构。

新发布实施的标准主要有：

《天然饰面石材试验方法 第8部分：用均匀静态压差检测石材挂装系统结构强度试验方法》（GB/T 9966.8—2008），2008-06-30 发布，2009-04-01 实施；

《天然石材术语》（GB/T 13890—2008），2008-06-30 发布，2009-04-01 实施；

《建筑饰面材料镜向光泽度测定方法》（GB/T 13891—2008），2008-06-30 发布，2009-04-01 实施；

《天然石材统一编号》（GB/T 17670—2008），2008-06-30 发布，2009-04-01 实施；

《天然板石》（GB/T 18600—2009），2009-03-28 发布，2010-01-01 实施；

《天然花岗石建筑板材》（GB/T 18601—2009），2009-03-28 发布，2010-01-01 实施；

《天然砂岩建筑板材》（GB/T 23452—2009），2009-03-28 发布，2010-01-01 实施；

《天然石灰石建筑板材》（GB/T 23453—2009），2009-03-28 发布，2010-01-01 实施；

《卫生间用天然石材台面板》（GB/T 23454—2009），2009-03-28 发布，2010-01-01 实施；

《饰面石材用胶粘剂》（GB 24264—2009），2009-07-17 发布，2010-06-01 实施；

《家具用天然石板》（GB 26848—2011），2011-7-29 发布，2011-12-15 实施；

《超薄石材复合板》（GB 29059—2013），2012-12-31 发布，2013-09-01 实施；

《装饰石材工厂设计规范》（GB 50897—2013），2013-09-06 发布，2014-05-01 实施；

《装饰石材矿山露天开采工程设计规范》（GB 50970—2014），2014-01-29 发布，2014-10-01 实施；

《天然大理石建筑板材》（GB/T 19766—2016），2016-08-29 发布，2017-07-01 实施；

《干挂饰面石材》（GB/T 32834—2016），2016-08-29 发布，2017-07-01 实施；

《天然石材防护剂》（GB/T 32837—2016），2016-08-29 发布，2017-07-01 实施；

《干挂石材用金属挂件》（GB/T 32839—2016），2016-08-29 发布，2017-07-01 实施；

《树脂型合成石板材》（GB/T 35157—2017），2017-12-29 发布，2018-11-01 实施；

《合成石材试验方法 第 1 部分：密度和吸水率的测定》（GB/T 35160.1—2017），2017-12-29 发布，2018-11-01 实施；

《合成石材试验方法 第 2 部分：弯曲强度的测定》（GB/T 35160.2—2017），2017-12-29 发布，2018-11-01 实施；

《合成石材试验方法 第 3 部分：压缩强度的测定》（GB/T 35160.3—2017），2017-12-29 发布，2018-11-01 实施；

《合成石材试验方法 第 4 部分：耐磨性的测定》（GB/T 35160.4—2017），2017-12-29 发布，2018-11-01 实施；

《合成石材试验方法 第 5 部分：热激变性能的测定》（GB/T 35160.5—2017），2017-12-29 发布，2018-11-01 实施；

《合成石材试验方法 第 6 部分：耐冲击性的测定》（GB/T 35160.6—2017），2017-12-29 发布，2018-11-01 实施；

《合成石材术语和分类》（GB/T 35165—2017），2017-12-29 发布，2018-11-01 实施；

《合成石材试验方法　盐雾老化测试》（GB/T 35464—2017），2017-12-29 发布，2018-11-01 实施；

《天然大理石荒料》（JC/T 202—2011），2011-12-20 发布，2012-07-01 实施；

《天然花岗石荒料》（JC/T 204—2011），2011-12-20 发布，2012-07-01 实施；

《石材砂锯用合金钢砂》（JC/T 2086—2011），2011-12-20 发布，2012-07-01 实施；

《建筑装饰用仿自然面艺术石》（JC/T 2087—2011），2011-12-20 发布，2012-07-01 实施；

《广场路面用天然石材》（JC/T 2114—2012），2012-12-28 发布，2013-06-01 实施；

《石材马赛克》（JC/T 2121—2012），2012-12-28 发布，2013-06-01 实施；

《石雕石刻品》（JC/T 2192—2013），2013-04-25 发布，2013-09-01 实施；

《人造石》（JC/T 908—2013），2013-04-25 发布，2013-09-01 实施；

《艺术浇注石》（JC/T 2185—2013），2013-04-25 发布，2013-09-01 实施；

《石材加工生产安全要求》（JC/T 2203—2013），2013-12-31 发布，2014-07-01 实施；

《人造石加工、装饰与施工质量验收规范》（JC/T 2300—2014），2014-12-24 发布，2015-06-01 实施；

《异型人造石制品》（JC/T 2325—2015），2015-07-14 发布，2016-01-01 实施；

《石材复合板工艺技术规范》（JC/T 2385—2016），2016-10-22 发布，2017-04-01 实施；

《天然石材墙地砖》（JC/T 2386—2016），2016-10-22 发布，2017-04-01 实施。

新标准的主要内容和变化如下：

1）推广使用规格化板材

我国天然石材建筑板材规格尺寸的最小值为 300mm，然后以 300mm 为基数形成基础的规格尺寸，如 600mm、900mm、1200mm、1500mm、1800mm，主要局限于加工机械和设备。《天然花岗石建筑板材》《天然砂岩建筑板材》《天然石灰石建筑板材》标准为了给设计人员提供更多的选择规格，在不影响出材率的基础上增加了相关规格，均来自基础规格，如 900mm 边长可分成 400mm 和 500mm，1500mm 边长可分成 700mm 和 800mm 或分成 1000mm 和 500mm。另外，300mm 边长可加工成 305mm，这是国外常用的规格，为 12 英寸。因此，标准中推荐了一系列边长尺寸，用户也可根据此分解方法使用其他有关的尺寸，以最大出材率为原则。厚度要求可根据使用场合和用途选择合适的尺寸，以减少资源浪费。《天然大理石荒料》《天然花岗石荒料》标准为配合板材规格也相应地规定了荒料推荐规格尺寸，形成了从荒料、加工工具和产品市场的规格统一，以提高荒料的利用率。规格化石材是市场需要和石材发展的趋势，也可以提高效率和石材出材率，降低成本，节约资源。常用规格是可大批量生产和库存的，适用于超市等地方销售手段，方便百姓使用和安装。标准提供的尺寸系列是引导设计和使用者，尽可能采用标准的规格，因为从荒料、石材加工以及加工工具都是规格化的，随意地加工会造成许多浪费，增加生产成本。

2）规范石材的标准名称和术语

标准依据岩矿结构划分石材种类，严格执行相应的产品标准。石材的名称统一使用《天然石材统一编号》规定的标准名称，未列入标准的新品种石材名称需要进行备案。产品标准中规定不再允许使用非标准名称和随意更改名称。

石材品种的统一编号划分为五大类，即花岗石（G）、大理石（M）、石灰石（L）、砂岩（Q）、板石（S）；统一使用四位数编码，每个石材品种的四位数编码是唯一的，取消了原标准中按种类分别编码的方法；编码的前两位是地区编码，增加了台湾和港澳地区，后两位品种顺序编码由十进制数改为十六进制数，增加了 A、B、C、D、E、F 六个编码符号；增加了产地的地名和英文名称。

3）增加了毛光板产品的技术要求

随着石材业的发展，行业分工协作关系越来越明显，毛光板已不再是一个企业的中间产品，而成为一些企业的终端产品，并向下游企业输送。其加工质量直接影响下游企业的产品质量，成为了一种新的检查验收产品。标准增加了毛光板分类和相应的技术要求。

4）物理性能采用了国外先进标准中的内容

物理性能新增加了耐磨性及水饱和压缩强度的技术要求，技术指标采用了美国 ASTM 相关标准内容，花岗石弯曲强度、压缩强度和吸水率比原标准有所提高。考虑到我国的石材种类不都能达到美国 ASTMC615-03 标准，这些石材广泛分布在福建、河北、北京等地，使用量很大。一般性地面装饰供人踩踏的使用环境，这些花岗石是可以适用的。因此，标准中按用途将石材分为功能用途和一般性用途两类，防止采用了国外先进标准中的要求而造成我国的产品受到限制。按照国内习惯，将蛇纹石划归大理石类，物理性能采用了美国《大理石标准规范（外部）》（ASTM C503-05）和《蛇纹石标准规范》（ASTM C1526-03）标准内容。

5）检测方法有所变化

光泽度仪使用光孔直径在 18mm 以上的产品，测量点由原来统一五点更改为五点（≤600mm）和九点（＞600mm）。平度测量由 2000mm 平尺改为 1000mm 平尺以及使用实际板材检测体积密度、吸水率和压缩强度等。

6）规范了石材生产和施工用的胶粘剂

以强制性标准形式规定了石材生产用的胶粘剂（包括复合用胶粘剂、增强用胶粘剂、组合连接用胶粘剂）和施工用胶粘剂（地面粘贴用胶粘剂、墙面粘贴用胶粘剂）的性能，标准的实施将对我国石材应用的发展起到规范和推动作用。

7）补充了行业急需的缺失标准

《树脂型合成石板材》《合成石材试验方法》《石材砂锯用合金钢砂》《建筑装饰用仿自然面艺术石》《石材马赛克》《石雕石刻品》《人造石》《广场路面用天然石材》《异型人造石》《天然石材墙地砖》等标准的制定，对比了国外产品技术，根据我国的国情进行了必要的补充和完善，作出适合我国国情的科学、合理的规定。这些标准丰富了产品种类，也将促进我国石材产业的技术进步和健康有序发展。

8）突出安全生产和清洁生产的要求

随着标准的进一步完善，行业安全生产和清洁生产有了标准依据，从工厂和矿山的规划设计开始，并逐步通过落实、清理、整顿和改造等措施，将石材企业建成环保、资源节约、综合利用的新型加工企业，彻底改变石材行业的粉尘、噪声、污水等影响环境的现状，提升产业整体状况，实现与自然和谐发展的目标。

1.3.5 我国石材标准与国际的差距

石材领域在国际上曾经有一个 ISO/TC 196（Natural Stone）标准化组织，秘书处设在西班牙，后因无实质性标准化工作进展而暂停，近几年已取消了该组织。目前，在国际上还没有出台统一的石材国际标准，国外先进的石材标准主要有美国（ASTM）石材标准体系、欧洲 EN 石材专业标准体系。

美国（ASTM）现行标准中，石材标准体系主要有 25 项：1 项术语标准、8 项产品标准、13 项试验方法标准和 3 项应用指南。其产品标准主要规定了各种材质石材的体积密度、吸水率、压缩强度、弯曲强度、断裂模数、耐磨性等物理性能指标，未对加工尺寸、外观质量等提出要求。ASTM 石材标准的优势是工程应用方面的技术规定，除了规定执行产品标准中的物理性能要求外，特别涉及了工程中设计、选用原则以及详细的检验规则等，对干挂安装工程具有积极的指导意义。

欧洲（EN）石材专业标准则更注重石材材料的理化性能试验方法，如增加了盐结晶强度、岩相分析、激冷激热、动态弹性模量、耐盐雾老化强度、耐断裂能量、静态弹性模量、线性热膨胀系数、毛细吸水系数等，但没有规定具体的技术指标要求，产品标准中只要求按规定试验方法提供检验数据。其石材标准体系主要有 54 项：试验方法标准 41 项、术语标准 2 项、命名标准 1 项、产品标准 10 项。产品标准中给出了规格尺寸的偏差要求，但条件非常宽松，室外广场道路石材误差为 ±20mm 和室内板材误差为 ±2mm，物理性能只要求提供检验数据。欧洲石材标准的最大优势是对材质地质和理化性能的研究很深，试验方法细腻、严谨，不惜繁琐，同时给出了欧洲石材矿山的名称、岩相及位置等，另外发布了一套完整的合成石材标准体系，包括 1 项术语和分类标准、17 项试验方法标准。

我国的石材基础、产品和试验方法标准主要是采用美国（ASTM）石材标准，物理要求与其基本相同，并总结了实际生产、管理和安装经验，增加了加工质量和放射性方面的要求。我国石材产品尺寸偏差一般是 0 ~ −1mm 或 0 ~ −1.5mm，远远高于欧洲石材标准要求，并配合 ASTM 物理性能指标要求，因此，其是目前世界上较完善且最严格的石材产品标准。近几年，我国积极参考欧洲石材标准体系中的一些先进试验方法，结合国情增加管理规范和应用技术及规范，进一步完善了我国石材标准体系。

与行业相适应，我国的石材标准也受到了世界的瞩目，也在与世界接轨。目前已开展了 10 项石材国家标准的英文版翻译工作，便于国际范围内的统一应用。我国石材标准的发展趋势必将是引领世界石材行业、向国际先进水平看齐，真正成为石材技术

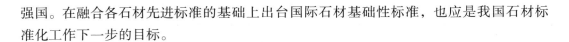

强国。在融合各石材先进标准的基础上出台国际石材基础性标准，也应是我国石材标准化工作下一步的目标。

1.3.6　发展前景

为了适应石材工业的高速发展，满足国内外贸易的需求，在规范市场、促进石材工业技术进步和发展、保护环境、合理利用资源以及更好地与 ISO/TC196 对口等方面发挥更大的作用，我国成立了全国石材标准化技术委员会。通过我国的石材标准化工作，使我国石材逐步跻身国际舞台；通过制定石材的国际标准，从而承担 ISO/TC 196 的工作，在国际石材标委会中发挥重要的作用，提高我国在该领域内的标准话语权。

1.4　石材品种和分类

1.4.1　标准定义

石材（stone）是以天然岩石为主要原材料经加工制作并用于建筑、装饰、碑石、工艺品或路面等用途的材料，广义上的石材包括天然石材和合成石材。石材是个商业名称，虽然是从沉积岩、火成岩、变质岩三大岩系的天然岩体中开采出来，但不特指哪类岩石和矿物，与地质中的各类岩石和矿物有本质的区别。

天然石材（natural stone）是经过选择和加工成的特殊尺寸或形状的天然岩石，有时简称石材。天然石材的开采加工不同于一般的非金属矿产品加工，需要保留岩石的整体完整性和颜色花纹特征，装饰用的石材还需要有一定的外形、颜色和花纹等装饰效果，这也是区分石材档次和价格的主要因素。广义上的天然石材包括以天然石材作为面材的复合石材产品。特别需要说明，天然石材在生产加工期间使用水泥或合成树脂密封石材的天然空隙和裂纹，未改变石材材质内部结构，仍属于天然石材范畴。

合成石材（agglomerated stone）是由集料（主要来源于天然石材）、添加剂和胶粘剂混合制成的人造工业产品。胶粘剂可以是树脂、水泥或两者的混合物（不同的百分比），生产工艺主要有搅拌混合、真空加压、振动成型、凝结固化等工序，产品形式为块体或板，并能加工成光面板、片、盖或类似形状。

1.4.2　分类和用途

天然石材按照商业用途主要分为花岗石、大理石、石灰石、砂岩、板石以及一些亚宝石级的石材种类；按颜色、花纹特征和产地分类有上千个商业品种名称；按照用途主要分为天然建筑石材和天然装饰石材等。合成石材主要有水磨石、文化石、岗石、石英石、实体面材、微晶石等形式。石材的分类及主要用途见表 1.2。

表 1.2　石材的分类及主要用途

名称	成分结构特征和种类	分类	性能特点	主要用途
天然石材	花岗石 主要成分为硅酸盐，岩浆岩或变质岩	一般用途	硬度高，耐酸碱、抗风化能力强，装饰效果为冷色调，庄重	适用于室内外墙面、地面、柱面、广场、路面等装饰和一般性结构承载
		功能用途	硬度、强度高，耐酸碱，抗风化能力强	地基、路基、水库等高要求结构用途
	大理石 主要成分为碳酸盐矿物的变质岩。商业上有方解石大理石、白云石大理石、蛇纹石大理石等	方解石	方解石以碳酸钙矿物为主，密度高，吸水率低，可抛出光泽，暖色调	适用于室内墙、地面装饰
		白云石	白云石以碳酸钙镁矿物为主，常温遇酸不反应，密度最高，吸水率低，可抛出光泽，有富丽堂皇的装饰效果	适用于室内墙、地面，室外墙面装饰
		蛇纹石	蛇纹石以硅酸镁水合物为主要成分，绿色或深绿色，伴有由解石、白云石或菱镁矿等组成的脉纹。硬度高、耐酸碱、抗风化，流行颜色	适用于室内外墙、地面装饰
	石灰石 主要成分为碳酸钙或碳酸钙镁的一类沉积岩。商业上有灰屑岩、壳灰岩、白云岩、微晶石灰石、鲕状灰岩、再结晶石灰石，石灰华（洞石）	低密度	密度在 1.76～2.16g/cm³，疏松，吸水率大，无光泽	适用于室内墙面装饰
		中密度	密度在 2.16～2.56g/cm³，吸水率大，不易抛出光泽，常有花纹图案	适用于室内墙、地面和室外墙面装饰
		高密度	密度在 2.56g/cm³ 以上，致密，吸水率低，可抛出光泽	适用于室内外墙、地面装饰
	砂岩 主要由二氧化硅（石英砂）以及多种矿物、岩石颗粒凝结而成的一种多孔隙结构沉积岩。商业上有蓝灰砂岩、褐色砂岩、石英砂岩、石英岩、砾岩、粉砂岩	杂砂岩	二氧化硅含量在 50%～90%，多孔结构，强度随结构变化大，具有独特的古朴装饰风格	适用于室内外墙面装饰
		石英砂岩	二氧化硅含量在 90%～95%	
		石英岩	二氧化硅含量在 95% 以上	
	板石 微晶变质岩，通常大部分源于页岩，可沿层理面劈开形成薄而坚硬的石板。 商业上主要有饰面板和瓦板	瓦板	弯曲强度大于 40MPa	适用于屋顶盖板
		饰面板	弯曲强度大于 10MPa，具有返璞归真的装饰效果	适用于室内外墙、地面
	其他类 亚宝石级的一些石材，起点缀作用，一般不常用。诸如玉石、雪花石膏、绿岩、片岩、皂石等	—	数量少，较珍贵	用于与其他石材的连接处起对照或突出重点作用

名称		成分结构特征和种类	分类	性能特点	主要用途
合成石材	无机粘结剂型	使用水泥为粘结剂，利用石渣或陶粒、浮石等材料制成的装饰石材。主要有水磨石、艺术浇注石和建筑装饰用仿自然面艺术石（俗称文化石）等	水磨石	工艺简单，成本低，档次较低	最早的人造石产品，家居环境逐渐被淘汰，多使用在广场、步道和特殊场合，如防静电等
			文化石	随意性大，可模仿任何实际图案和形状，工艺简单，成本低	广泛用于仿古建筑和装饰中
			艺术浇注石	随意性大，可制成任何图案和形状，工艺简单，成本低	适用于室内外装饰
	树脂黏结剂型	使用不饱和树脂为粘结剂，利用石粉、石渣或其他填充材料制成的装饰石材。主要有人造大理石（俗称岗石）、人造石英石（俗称石英石）、实体面材	岗石	由大理石粉和8%的不饱和树脂组成，具有天然大理石的特征，强度高、吸水率低、无色差等。缺点是硬度低、不耐磨、不耐老化	适用于室内墙面装饰
			石英石	由石英颗粒和不饱和树脂组成，具有天然石材的特征，强度高、吸水率低、无色差等。硬度和耐磨有一定的提高	适用于室内墙、地面装饰
			实体面材	由树脂和石英或其他填充阻燃剂材料组成，树脂胶含量一般在15%~25%。具有耐污、耐磨、耐火和环保等特征，易变形。一些新型石英石台面板的树脂含量可达6%	适用于厨房台面等
	烧结型	将岩石融化后成型、凝固，形成新的装饰石材。主要有建筑装饰用微晶玻璃，俗称微晶石	微晶石	光泽度高、硬度高、无色差	适用于室内外墙面
复合石材	硬质基材复合板	石材面材与陶瓷、石材、玻璃等硬质材料复合。主要有石材-陶瓷复合板、石材-石材复合板、石材-玻璃复合板	石材-陶瓷	规格化生产，施工便利	适用于家居的墙、地面装饰
			石材-石材	经济，低档石材具有高档石材的装饰效果	适用于室内装修
			石材-玻璃	具有透光性	适用于前台、柱面等发光装饰
	软质基材复合板	石材面材与铝蜂窝、树脂等柔性材料复合。主要有石材-铝蜂窝复合板	石材-铝蜂窝	天然石材装饰效果，质量轻，具有弹性变形	适用于室内外高层装饰、顶棚等特殊场合

有一些半珍贵的玉石被加工成石材使用，它们通常用在连接处起对照或突出重点

的作用，或者加工成异型石材、雕刻或工艺品等。这类石材主要包括：

雪花石膏：柔软易雕刻的大块石膏（硫酸钙），通常易弄脏和褪色。带状石笋方解石也常被称为雪花石膏。

绿岩：基性或超基性组成的变质岩，有非常好的颗粒尺寸，颜色从中等绿到微黄绿再到几乎黑色。

片岩：由石英-长石组成的片状变质岩，特点是像云母或亚氯酸盐这类扁平或棱镜型矿物形成的薄片。片岩很容易沿着叶面劈开。这种岩石存在许多分级。

蛇纹石：主要或完全由蛇纹岩（水合硅酸镁）组成的岩石，一般呈绿色，但也可能是黑色、红色或其他颜色，通常脉纹源于方解石、白云石或菱镁矿（碳酸镁）或一个组合。

皂石（滑石）：富含云母的岩石有感觉光滑的特性。皂石开采是为了特殊目的，像壁炉和实验室柜台顶的使用，因为其耐高温和耐酸。

1.4.3　命名和统一编号

天然石材的商业品种名称包括中文名称、英文名称和统一编号三个方面。

中文名称依据产地名称、花纹色调、石材种类等可区分的特征确定。一般有地名加颜色，即产地地名和石材颜色，如山西黑、鄯善红、南非红、西班牙米黄等；形象命名，即石材颜色、花纹特征的形象比喻，如海贝花、木纹、金碧辉煌等；人名加颜色，即人名或官职名加上颜色，如贵妃红、将军红；动植物形象加颜色，即动植物名字和本身颜色组成，如樱花红、菊花黄、孔雀绿。有的石材名称直接使用了原有石材矿口编号，如603、654、640等。石材的英文名称一般采用习惯用法或外贸名称，多以音译法和特征名词为主。

天然石材的统一编号由一位英文字母、两位数字和两位数字或英文字母三部分组成：

第一部分为石材种类代码，由一位英文字母组成，代表石材的种类。

（1）花岗石（Granite）—G；

（2）大理石（Marble）—M；

（3）石灰石（Limestone）—L；

（4）砂岩（Sandstone）—Q；

（5）板石（Slate）—S。

第二部分为石材产地代码，由两位数字组成，代表国产石材产地的省、自治区、直辖市的名称，两位数字为《中华人民共和国行政区划代码》（GB/T 2260—2007）规定的各省、自治区、直辖市行政区划代码。

第三部分为产地石材顺序代码，由两位数字或英文字母组成，各省、自治区、直辖市产区所属的石材品种序号，由数字0～9和大写英文字母A～F组成。

第二部分
天然石材

第2章 地面与楼梯铺贴石材

2.1 材料和产品的分类

2.1.1 材料

建筑装饰石材主要是指具有一定的物理化学性能，经过选择可以加工成特殊尺寸或形状的天然岩石，在建筑结构上受力，用于基础、砌筑，在建筑装饰上用于室内外表面，目前，在结构上应用越来越少，更多的是指在装饰面层上的应用。

建筑板材是用于建筑装饰的天然石材板，通常在工程装修领域中使用，因此也被称为工程板。花岗石、大理石建筑板材厚度通常低于50mm，石灰石建筑板材厚度低于75mm，砂岩建筑板材厚度低于150mm。厚度大于12mm的建筑板材称为厚板，厚度在8～12mm的建筑板材称为薄板，厚度小于8mm的建筑板材称为超薄板。

花岗石：商业上指以花岗岩为代表的一类石材，包括岩浆岩和各种硅酸盐类变质岩石材。花岗石按材质的物理性能分为一般用途和功能用途。

（1）一般用途花岗石：用在一般性的装饰场合，对理化性能要求较宽松的花岗石。

（2）功能用途花岗石：用在具有承载或传递载荷等方面的用途，对理化性能要求较高的花岗石。

大理石：商业上指以大理岩为代表的一类石材，包括结晶的碳酸盐类岩石和质地较软的其他变质岩类石材。常用的大理石有方解石大理石、白云石大理石、蛇纹石大理石三类。

（1）方解石大理石：主要由方解石（碳酸钙矿物）组成的晶质结构大理石。

（2）白云石大理石：主要由白云石（碳酸钙镁矿物）组成的晶质结构大理石。

（3）蛇纹石大理石：主要由蛇纹石（硅酸镁水合物）组成的大理石，绿色或深绿色，伴有由方解石、白云石或菱镁矿等组成的脉纹。

石灰石：商业上指主要由方解石、白云石或两者混合化学沉积形成的石灰华类石材。按照密度分为低密度、中密度和高密度三类。

（1）低密度石灰石：密度在$1.76～2.16g/cm^3$范围内的石灰石。

（2）中密度石灰石：密度在$2.16～2.56g/cm^3$范围内的石灰石。

（3）高密度石灰石：密度在$2.56g/cm^3$以上的石灰石。

砂岩：商业上指矿物成分以石英和长石为主，含有岩屑和其他副矿物机械沉积岩类石材。按照二氧化硅含量分为杂砂岩、石英砂岩、石英岩三类。

（1）杂砂岩：二氧化硅含量在50%～90%的砂岩。

（2）石英砂岩：二氧化硅含量在90%～95%的砂岩。

（3）石英岩：二氧化硅含量在95%以上的砂岩。

板石：商业上指易沿流片理产生的劈理面裂开成薄片的一类变质岩类石材。按照用途分为饰面板和瓦板两类。

（1）饰面板：建筑装饰用的板材。

（2）瓦板：用作屋顶盖瓦的板材。

2.1.2 产品分类

建筑板材按照表面加工分为：

（1）粗面板：表面平整粗糙的板材。通常采用斧剁、锤击、烧毛、机刨、酸蚀、仿古、喷砂、水喷、劈裂等工艺形成。

（2）细面板（亚光板）：表面平整光滑的板材。

（3）镜面板（抛光板）：表面平整，具有镜面光泽的板材。

建筑板材按加工形状分为：

（1）普型板：正方形或长方形的建筑板材，规定尺寸的普型板称为规格板。

（2）圆弧板：装饰面轮廓线的曲率半径处处相同的建筑板材。

（3）异型板：普型板和圆弧板以外的其他形状建筑板材，如扇形板、拼花板等。

建筑板材按照加工质量分为：

（1）优等品（A）。

（2）一等品（B）。

（3）合格品（C）。

规格化的室内薄型地面石材称为石材地砖，适合家装使用。按照产品表面加工分为光面砖和粗面砖；按石材材质种类分为花岗石砖、大理石砖、石灰石砖、砂岩砖和板石砖。地砖按照尺寸偏差、外观质量分为A级和B级两个等级。

以石材为饰面材料，与其他一种或一种以上材料使用结构胶粘剂黏合而成的装饰板材称为石材复合板，石材面材厚度小于8mm的复合板称为超薄石材复合板。复合板的分类及技术要求等参考本书第4章的内容。

2.2 特性和适用范围

各种天然石材建筑板材的特性和适用范围见表2.1。

表2.1 建筑板材的特性和适用范围

产品种类	性能特点	适用范围
天然花岗石建筑板材	硬度高，耐酸碱、抗风化能力力强，装饰效果庄重、淡雅	适用于室内外地面、广场、路面等装饰和一般性结构承载等

续表

产品种类	性能特点	适用范围
天然大理石建筑板材	密度高、吸水率低、可抛出光泽，具有富丽堂皇的装饰效果	适用于室内地面等
天然石灰石建筑板材	吸水率大，不易抛出光泽，常有花纹图案	适用于室内地面等
天然砂岩建筑板材	多孔结构，强度随结构变化大，具有独特的古朴的装饰风格	不宜使用于室内外地面
天然板石	质地坚硬，抗风化能力强，防滑性能好，具有自然古朴的装饰效果	室内外地面，浴室地面等

2.3　选用原则

石材建筑板材选用应遵循以下原则：

（1）石材是天然装饰材料，使用者应适应石材的天然属性，深入了解其结构特征、物理力学性能及主要化学成分，以确定其适用范围。

（2）建筑装饰工程中石材主要应用在地面、墙面、柱面和台阶等的装饰上，以粘结法和干挂法两种安装方式为主，各有不同的侧重点，从设计开始就应有不同考虑。

（3）地面石材安装宜采用粘结法施工，室外墙面和柱面石材宜采用干挂法施工，板石在墙面和地面施工时应采用粘结法。

（4）墙面石材采用粘结法施工时，应根据实际需要和胶粘剂的性能考虑安全性问题，必要时采用金属丝捆绑或斜插成对的相互反向的钢销加固，尤其是较高位置，通常称为挂贴法安装。

（5）当石材板材单件质量大于 40kg 或单块板材面积超过 $1m^2$ 或室内建筑高度在 3.5m 以上时，墙面和柱面应设计成干挂安装法。

（6）对于超出相关规程一般范围且没有成功石材应用工程范例借鉴的设计项目，应组织建筑师、结构工程师、石材专家、材料供货商等进行现场论证后确定。

2.4　主要技术要求

2.4.1　执行标准

《天然板石》（GB/T 18600—2009）

《天然花岗石建筑板材》（GB/T 18601—2009）

《天然大理石建筑板材》（GB/T 19766—2016）

《天然砂岩建筑板材》（GB/T 23452—2009）

《天然石灰石建筑板材》（GB/T 23453—2009）

《超薄石材复合板》（GB/T 29059—2012）

《石材马赛克》（JC/T 2121—2012）

《天然石材墙地砖》（JC/T 2386—2016）

《天然石材装饰工程技术规程》（JCG/T 60001—2007）

《建筑装饰工程石材应用技术规程》（DB11/T 512—2017）

2.4.2　技术要点

石材规格建筑板材的推荐规格尺寸见表2.2。

石材地砖的通常规格有：100mm×100mm×10mm、200mm×200mm×10mm、300mm×300mm×10mm、400mm×200mm×12mm、400mm×400mm×12mm、450mm×300mm×12mm、600mm×300mm×12mm等。

表 2.2　石材规格板尺寸系列

长度（mm）	宽度（mm）	厚度（mm）	备注
300 * 305 * 400 500 600 * 800 900 1000 1200 1500 1800	300 * 305 * 400 500 600 * 800 900 1000 1200 1500 1800	10 * 12 15 18 20 * 25 30 35 40 50	* 为常用规格

普型板规格尺寸偏差要求见表2.3。

表 2.3　普型板规格尺寸偏差要求

项目		亚光面和镜面板材			粗面板材		
		优等品	一等品	合格品	优等品	一等品	合格品
长度、宽度（mm）		0 −1.0	0 −1.0	0 −1.5	0 −1.0		0 −1.5
厚度（mm）	≤12	±0.5	±1.0 （±0.8）	+1.0（±1.0） −1.5	—		
	>12	±1.0	±1.5	±2.0	+1.0 −2.0	±2.0	+2.0 −3.0

注：1. 括号内的指标仅适用于大理石类石材。
　　2. 粗面板材性能指标适用于花岗石类石材。

建筑板材的平面度公差要求见表2.4。

表 2.4　建筑板材的平面度公差要求　　　　　　　　　单位：mm

板材长度（L）	亚光面和镜面板材			粗面板材		
	优等品	一等品	合格品	优等品	一等品	合格品
L≤400	0.20	0.35（0.3）	0.50	0.60（0.5）	0.80	1.00
400＜L≤800	0.50	0.65（0.6）	0.80	1.20（0.8）	1.50（1.0）	1.80（1.4）
L＞800	0.70	0.85（0.8）	1.00	1.50（1.0）	1.80（1.5）	2.00（1.8）

注：括号内的指标仅适用于大理石类石材。

建筑板材的角度公差要求见表 2.5。

表 2.5　建筑板材的角度公差要求　　　　　　　　　单位：mm

板材长度	优等品	一等品	合格品
≤400	0.30	0.50（0.4）	0.80（0.5）
＞400	0.40	0.60（0.5）	1.00（0.7）

注：括号内的指标仅适用于大理石类石材。

花岗石镜面板材的镜向光泽度应不低于 80 光泽单位，大理石镜面板材的镜向光泽度应不低于 70 光泽单位，其他种类的石材光泽度由供需双方协商确定，在合同或图纸中进行约定。

花岗石、大理石、石灰石和砂岩的物理性能要求见表 2.6，板石的物理性能见表 2.7。

石材地砖的技术要求与石材墙砖相同，可参考本书第 4 章石材墙砖部分的内容。地砖的特殊要求为：地砖表面防滑系数应不小于 0.5，地砖的耐磨性应符合表 2.6 中的相关规定。

地面用超薄石材复合板面材厚度应不小于 3.0mm，允许偏差为 +1.0～0mm。其他要求见第 4 章中的相关内容。

建筑板材的其他技术指标要求见相应的产品标准，注意特殊要求由供需双方协商确定。特殊的产品，如石材马赛克等，执行相应的产品标准技术要求。

表 2.6　花岗石、大理石、石灰石、砂岩的物理性能

名称	项目	吸水率（%）≤	体积密度（g/cm³）≥	压缩强度（MPa）≥	弯曲强度（MPa）≥	耐磨度（1/cm³）≥
花岗石	一般用途	0.60	2.56	100	8.0	25
	功能用途	0.40	2.56	131	8.3	
大理石	方解石	0.50	2.60	52.0	7.0	10
	白云石	0.50	2.80	52.0	7.0	
	蛇纹石	0.60	2.56	70	7.0	
石灰石	低密度	12	1.76	12	2.9	10
	中密度	7.5	2.16	28	3.4	
	高密度	3	2.56	55	6.9	

续表

名称	项目	吸水率 （%）≤	体积密度 （g/cm³）≥	压缩强度 （MPa）≥	弯曲强度 （MPa）≥	耐磨度 （1/cm³）≥
砂岩	普通砂岩	8	2.003	12.6	2.4	2
	石英砂岩	3	2.400	68.9	6.9	8
	石英岩	1	2.560	137.9	13.9	8

注：为了颜色和设计效果，以两块或多块大理石组合拼接时，耐磨度差异不应大于5，建议适用于经受严重踩踏的阶梯、地面和月台使用的石材耐磨度最小为12。

表 2.7 板石物理性能指标

项目	饰面板	瓦板
吸水率（%）≤	0.70	0.50
弯曲强度（MPa）≥	10.0	40.0

2.5 工程设计要点

铺贴石材工程选材设计中应注意以下方面的问题：

（1）选择石材品种时，应考虑石材的稳定性，某些石材在接触到水分时会变形，从而出现翘曲和空鼓等问题。应避免湿贴法使用这类石材，否则应采用树脂基胶粘剂或专用胶粘剂。

（2）选择石材品种时，应考虑石材的坚固性。比较易碎的石材，则在铺装前和铺装过程中都要对它们进行进一步的增强加工。坚固性差的大理石和石灰石背网施工时宜保留，但必须保证背网胶粘剂与石材的粘结原强度不低于1.0MPa，并且与胶粘剂的粘结力满足要求，否则应剔除背网和背胶，补刷底面型防护剂并按规定进行养护后施工。

（3）选择的天然石材产品除要符合相关产品标准外，在地面设计时应考虑表2.8中的各种因素。

表 2.8 地面石材设计考虑因素

项目	要求
材质一致性	石材的花纹、色调、纹理图案、质地结构的天然变化必要要考虑，避免实际供货造成的明显色差
通行状况	轻负重指低密度的人行走通行，例如在家庭和办公室；重负重区域指那些高密度人行走通行的地方以及有重负荷出现的地方，如工业区和商业区
耐磨度	花岗石的耐磨度高，因此在地面使用上，选择石材只限于选择硬度高的大理石和花岗石。选择地面石材时最小耐磨度宜为：公共场所（如客厅、楼梯和门口、商场和大型快运系统车站）为10～12；行走少的住宅场所为8。为了预防不均衡的磨损，如果同时使用不同的石材，它们之间的耐磨度差不能大于5
防滑性	石材地面防滑要求应符合《地面石材防滑性能等级划分及试验方法》（JC/T 1050—2007）的规定，防滑系数符合相应的规定。石材应根据使用场合和不同要求选择不同的表面工艺达到防滑规定，镜面、亚光面、细面板材若达不到防滑要求时，应对防滑材料进行必要的处理，以达到规定的要求

项目	要　　求
厚度	石材板材必须有充分的厚度才能承受住行走和冲击带来的负重。地面天然石材的最小设计厚度为 20mm，墙面湿贴天然石材的最小设计厚度为 10mm。同一品种的石材因为厚度不同带来施工难度也会出现色调的差别，因此同一装饰面宜采取同样的厚度
化学稳定性	避免使用含不稳定矿物的石材，以免影响石材的使用寿命，出现污染和病害。必要时进行岩矿鉴定和成分分析，以便确定潜在的不稳定的矿物，如云母和黄铁矿等
横向变形	在柔韧性基面上，需要考虑横向变形能力，弯曲弹性模量
耐久性	暴露于高湿地方，如浴室、室外和地面的石材必须在盐结晶破坏和风化方面评估它们的耐久性
放射性	放射性核素含量较高的石材，不宜大面积用在室内
供货企业	企业的石材供应组织能力、统筹使用能力、加工能力，产品加工质量和服务质量能满足工程需要

（4）室内、外地面用湿贴石材对物理性能的要求见表 2.9。

表 2.9　使用场所与物理性能的关系

使用场所	体积密度	吸水率	压缩强度	冻融抗压强度	弯曲强度	弹性模量	热膨胀系数	抗冲击强度	耐磨度	硬度	摩擦系数
室外地面	●●	●●	●●	●●●	●●	—		●●●	●●●	●●●	●●●
室内地面和楼梯	●●	●	●	—	●●	—		●●	●●●	●●	●●●

注：1. —表示不重要；●表示不太重要；●●表示重要；●●●表示很重要。
　　2. 选用时可依据其重要性，对石材性能要求适当调整。

（5）室外地面用天然石材和室内潮湿环境下用天然石材，对化学成分也有一定要求，如氧化铁、硫化铁、炭质成分、无机盐及黏土等可造成锈斑，应对这些成分的含量提出要求，或加强对石材的防护处理。

（6）湿贴石材应做好六面防水处理，增强防水防油污能力。尤其是底面，应采用专用底面型防护剂，避免粘结强度下降。一般来说，对深色石材，在防护处理时要特别注意泛碱问题；对浅色石材的防护处理，必须注意防止锈斑。

（7）应根据使用的场合确定选用的天然石材品种和表面处理工艺，在人流量大的场所，选用表面磨光的处理工艺比镜面抛光的处理工艺要经济合理。

①当用于磨损量大的场所，如车站、机场、大型百货公司等，宜选用硅酸盐材质的石材，如花岗石。由于其耐磨度和硬度高，可选用镜面抛光处理工艺。也可选用密度较高、耐磨度较好的大理石、石灰石等，宜做磨光处理。如要求达到镜面抛光效果时，宜对其表面进行结晶硬化处理，加光加硬。结晶硬化处理适用于大理石、石灰石等以碳酸钙为主要的石材，用于花岗石效果不显著，还有可能产生不同的化学反应。低酸值的表面处理剂会带来更佳效果，劣质产品有可能会对石材造成破坏。

②当用于中等磨损量的场所，如银行、公共建筑、酒店大堂等，优先选用耐磨度

不小于 10（$1/cm^3$）的花岗石、大理石、石灰石等镜面抛光板，不宜选用耐磨度小于 8（$1/cm^3$）的石材品种，也不应选用软质石材或易碎的石材。

③ 在磨损量较小的场所，如家庭，可选用耐磨度较低的镜面抛光石材。

（8）天然石材小块效果与饰面整体效果会有差异，有时差异会很大，故不能简单地根据单块样品的颜色、花纹来选定产品，应考虑大面积铺贴后的整体装饰效果，这通常需要借鉴既有工程的饰面效果。

（9）同一矿山生产出的石材，尽管从其建筑装饰效果上看没有什么不同，但由于开采时的矿层深度不同，其岩石生成条件不同，理化性质也可能有很大差异。

① 设计时选定的石材与施工到货石材的理化性能、外观是否相近，需要封存样板。

② 当大批量订货时，即使是同一时期供货，也可能是从不同矿层上开采出的性质有所不同的石材。更何况有的矿体不是整体形成的，而是球状、柱状等矿体，其里外的"天然性质"相差甚大。由此可知，当选用大块石材作外饰面时，建筑师必须了解石材，而要了解石材又必须先了解矿山，要从矿石荒料开始控制。

（10）无论哪种天然石材，都会涉及色差问题。当一个品种铺装在面积较大的同一平面时应尤为注意。色差反映在具体的石材品种上程度是不同的，有的石材品种近千平方米不会有问题，而有的品种几十平方米也得不到保证（特别是某些红色花岗石）。这也是选择石材最初应考虑的问题。因此，矿山开采时，对荒料要排序编号，加工后石材供应商在出厂时也应对石材进行排序编号，石材到达工地后按照供应商提供的编号和码单顺序进行安装，这样石材即使有色差也会渐渐地过渡，整体上保证颜色和花纹基本一致。

（11）用石材作外饰面时，有抛光、磨光、火烧、凿毛、剁斧、喷沙、仿古等不同工艺处理，使得同一种石材也呈现不同的装饰效果。近年来，随着工艺及技术的不断改进，出现了各种不同的饰面形式，即使同一块板上也可做出不同的饰面，丰富了天然石材的表面装饰效果，也给设计提供了更大的范围。

（12）石材规格尺寸应尽可能选用规格化板，有利于降低成本，提高出材率，节约资源。特殊需要时，应采用适宜加工和安装的规格，尽可能采用相同规格、大小搭配规格和较少的规格型号，便于批量生产和安装更换。

（13）石材质量的评价内容包括外观质量、加工质量、光泽度、物理性能、结构构造、放射性等。颜色和花纹实际是市场上主要的评价指标，决定石材的市场价格。

（14）我国石材主要以花岗石为主，色彩丰富，广泛地应用在室外工程。但是大理石品种有限，且色彩变化较大，市场上应用较多的米黄色大理石基本以进口为主，价格比花岗石高，且因品种不同，价格相差悬殊。

（15）石灰石是因洞石类石材的引入衍生出来的另一类大理石，强度比传统的大理石低，含有丰富的易断裂的纹理。但是其丰富的颜色和纹理变化得到设计师的青睐，在工程中得到了广泛应用，常常以大理石的身份进入市场，特别应注意该类石材存在强度低、不耐磨、易断裂、易脱落等问题，应在选用和设计时加以考虑。

（16）天然板石豪华贵重不如花岗石，晶莹靓丽不如大理石，但在回归自然的流行趋势下，因其价格便宜，广泛采用湿贴法用于别墅、餐饮娱乐场所、公共建筑广场的地面，以及内外墙、卫生间等。

2.6　工程施工工艺及注意事项

在地面上，石材使用一般采用湿贴法施工，推荐采用石材专用胶粘剂施工。当采用传统的水泥砂浆施工时，检查六面防护是否有缺失或漏刷，选择碱性弱的水泥，控制含水量，施工工艺的重点就是在满足铺贴强度的基础上，隔绝碱性对石材侵蚀，在铺贴浅色石材时更为重要，这样能避免很多的石材病变。采用传统的水泥砂浆施工时，石材应做六面防护，石材背面应使用底面型石材防护剂涂刷，同时水泥砂浆的水分不宜过多，避免产生水斑。传统地面石材铺贴施工要点如下：

（1）对于用水泥砂浆结合的石材面层，施工前应将基层清扫、湿润，以保证面层与结合层粘结牢固，防止空鼓。

（2）施工前，根据铺砌顺序和放样排板图的位置，应对每个房间的板块按图案、颜色、纹理试拼并编号码放。

（3）铺砌时，先在清扫干净的基层上洒水湿润，并刷一道素水泥浆。水：水泥为 $0.4 \sim 0.5 : 1$。

（4）铺砌时的结合层应采用干硬性砂浆。干硬性砂浆采用配合比（体积比）为 $1:1 \sim 1:3$ 水泥砂浆；水泥宜采用低碱水泥。

（5）对于无镶条的板块地面，应在 $1 \sim 2$ 昼夜之后分几次进行灌浆，灌浆 $1 \sim 2h$ 后擦缝。

（6）擦缝并清理干净后，用塑料薄膜覆盖保护，当结合层的抗压强度大于 1.2MPa 时，方可上人走动或搬运物品。当各工序结束不再上人时方可进行打蜡、抛光。

（7）地面可采用木板、聚乙烯板保护。不宜用锯末保护，避免造成对石材的污染。

（8）在墙面装饰线条复杂，地面套割困难时，可采用"墙压地"的办法。

湿贴石材施工的注意事项：

（1）饰面板在现场切割部位需补刷防护剂。

（2）对于白色或浅色饰面板，首先选用石材专业的粘贴胶，其次采用高强度等级的白水泥，以免出现透底影响饰面效果。

（3）冬期施工灌注的砂浆温度不宜低于5℃，环境温度也不应低于5℃。如果必须在规定温度以下施工时，要采取保温升温措施；如果在水泥中增加抗冻剂，就等于增加了水泥的碱性，控制好六面防护特别是底面防护的质量尤为重要。

（4）施工时，应检查背网质量，粘贴不牢靠的和不饱和树脂类的背网就要铲除，涂刷底面型防护剂后按正常方式施工。坚固性差的大理石、石灰石类石材，背网宜保留，粘结背网的胶粘剂应选用环氧树脂型或无机类型；选用环氧树脂型胶粘剂粘结背网的石材在施工时，应在石材背面粘贴一层砂粒或其他方式，提高与水泥砂浆的粘结强度。

（5）安装时为了避免色差，饰面板除了严格按照出厂排序进行施工外，还必须挑选或试铺，尽可能色调、花纹一致，或者近色安装，或者利用颜色的差异使其逐次变化，或者构成图案。切忌杂乱无章，顺手牵来，胡乱铺砌。

（6）湿贴法施工不宜采用对接接缝，避免引起石材病变并导致石材的剥落。

（7）质地较软的大理石和石灰石，为了提高其光泽度和耐磨性，在地面施工完成后可进行整体结晶硬化处理。

2.7 工程监理要点

天然石材工程监理应注意以下要点：

（1）规格尺寸偏差、平整度公差、角度公差、光泽度（镜面板）、外观质量等出厂检验项目应在工地复查确认，作为评判质量等级的依据。

（2）物理性能检验项目应按批量进行抽检或有见证送检，作为工程质量验收的依据。

（3）有排板编号的石材应严格按照编号的部位和顺序进行安装。

（4）背网、胶粘剂和防护剂的使用是否正确。

（5）水泥碱性大小，六面防护特别是底面防护是否到位。

2.8 工程检验与验收要点

石材工程应按照相应的规范和设计要求进行检验批的划分、检验和验收。石材产品方面的加工质量、外观质量以出厂检验和工地现场监理检验数据为依据，石材材质物理性能则以供货时抽检或有见证送检报告为准，工程安装、验收、使用后不再对石材产品进行取样检验，因为影响因素较多，无法复现供货时的实际产品质量。

地面石材工程应符合下列要求：

（1）石材地面各层间应粘结牢固无空鼓。

（2）石材面层应洁净、平整、无磨痕、划痕，且应图案清晰、色泽一致；缝隙均匀、顺直、勾缝深浅和颜色一致。

（3）拼花和镶边用料尺寸准确、边角切割整齐、拼接严密顺直，镶嵌正确，板面无裂纹、掉角、缺棱等缺陷。

（4）踢脚板结合牢固，出墙高度、厚度一致，上口平直；拼缝严密，表面洁净、颜色一致。

（5）楼梯踏步和台阶板的缝隙宽度应一致、齿角整齐，楼层梯段相临踏步高度差不应大于 10mm，防滑条应顺直、牢固。

（6）面层表面的坡度应符合设计要求，不倒泛水、无积水；与地漏、管道结合处应严密牢固，无渗漏。

（7）石材地面的允许偏差应符合表 2.10 和表 2.11 中的要求。

表 2.10　石材地面面层的允许偏差和检验方法

项次	项目	允许偏差（mm）				检验方法
		建筑板材	石材拼花	条石	块石	
1	表面平整度	1	3	10	10	用 2m 靠尺和楔形塞尺检查
2	缝格平直	2	—	8	8	拉 5m 线和用钢尺检查
3	接缝高低差	0.5	—	2	—	用直尺和楔形塞尺检查
4	踢脚线上口平直	1	1	—	—	拉 5m 线和用钢尺检查
5	板块间隙宽度	1	—	5	—	用钢尺检查

表 2.11　楼梯踏步铺贴允许偏差和检验方法

项次	项目	允许偏差（mm）		检验方法
		毛光板	毛面板	
1	表面平整度	1	1	用 2m 靠尺和塞尺检查
2	平面倾斜	0.5	1	用水平尺和塞尺检查
3	立面板垂直	0.5	0.5	用方尺和塞尺检查

第3章　墙面与柱面干挂石材

3.1　材料和产品分类

3.1.1　材料

干挂石材是指采用金属挂件通过机械连接将石材牢固地悬挂在结构体上形成饰面的石材。采用这种安装方式的材质有天然花岗石（代号为 G）、天然大理石（代号为 M）、天然石灰石（代号为 L）、天然砂岩（代号为 Q）等。天然板石因为具有层状结构，采用干挂安装时脱落风险大，因此板石材质的石材通常不采用这种安装方式，特殊场合采用干挂安装时，需要充分考虑安全防护措施。

3.1.2　分类

按加工产品种类进行分类。

（1）板材包括：

普型板（PX）：正方形或长方形的板材。

圆弧板（HM）：装饰面轮廓线的曲率半径相同的饰面板材。

异型板（YX）：普型板和圆弧板以外的其他形状的板材。

（2）花线包括：

直位花线（ZH）：延伸轨迹为直线的花线。

弯位花线（WA）：延伸轨迹为曲线的花线。

（3）实心柱体包括：

等直径普型柱（DP）：截面直径相同、表面为普通加工面的石材柱体。

等直径雕刻柱（DD）：截面直径相同、表面刻有花纹或造型的石材柱体。

变直径普型柱（BP）：截面直径不同、表面为普通加工面的石材柱体。

变直径雕刻柱（BD）：截面直径不同、表面刻有花纹或造型的石材柱体。

按表面加工程度进行分类。

（1）镜面石材（JM）：饰面具有镜面光泽的石材。

（2）亚光面石材（YM）：饰面细腻，能使光线产生漫反射现象的石材。

（3）粗面石材（CM）：饰面粗糙规则有序的石材。

按加工质量分为 A、B、C 三个等级。

3.2　特性和适用范围

强度高，致密度好，吸水率低，耐风化能力强。适用于建筑外幕墙、柱体和室内墙面、柱面等。

3.3　选用原则

干挂石材涉及建筑安全方面的因素，因此选用应遵循以下原则：

（1）室外幕墙用的石材宜采用花岗石类石材，选用非花岗石类材质时，应选择强度高、致密度好、缺陷少的石材。

（2）石材的板面不宜过大，厚度在满足安全要求的前提下不宜太厚。

（3）组合连接件的每块石材上均应设置金属挂件，过小的组件应通过金属连接件与相邻的石材连接。

（4）石材应做好六面防护，以减少雨水的污染和侵蚀，提高石材的耐气候性。

（5）干挂石材应增加相应的加固和防脱落安全措施，如背网、角钢、加固条等。

3.4　主要技术要求

3.4.1　执行标准

《建筑幕墙》（GB/T 21086—2007）

《干挂饰面石材》（GB/T 32834—2016）

《干挂饰面石材及其金属挂件　第 1 部分：干挂饰面石材》（JC 830.1—2005）

《建筑装饰用石材蜂窝复合板》（JG/T 328—2011）

《天然石材装饰工程技术规程》（JCG/T 60001—2007）

《金属与石材幕墙工程技术规范（附条文说明）》（JGJ 133—2001）

《建筑装饰工程石材应用技术规程》（DB11/512—2017）

3.4.2　主要技术要点

干挂板材最小厚度和单块面积应符合表 3.1 中的要求。

表 3.1　干挂石材最小厚度和单块面积

项　　目		天然花岗石		天然大理石		天然石灰石和砂岩	
		镜面和细面板材	粗面板材	镜面和细面板材	粗面板材	弯曲强度不小于 8.0MPa	弯曲强度不小于 4.0MPa且不大于 8.0MPa
最小厚度（mm）	室内饰面	≥20	≥23	≥25	≥28	≥25	≥30
	室外饰面	≥25	≥28	≥35	≥35	≥35	≥40
单块面积（m²）		≤1.5		≤1.5		≤1.5	≤1.0

在满足表3.1中要求的前提下，干挂石材规格尺寸允许偏差要求应符合表3.2中的规定。

表3.2　干挂石材规格尺寸偏差要求

分类 项目	亚光面和镜面板材			粗面板材		
	优等品	一等品	合格品	优等品	一等品	合格品
长、宽度（mm）	0 −1.0		0 −1.5	0 −1.0		0 −1.5
厚度（mm）	+1.0 −1.0	+2.0 −1.0	+3.0 −1.0	+3.0 −1.0	+4.0 −1.0	+5.0 −1.0

在满足表3.1中要求的前提下，干挂圆弧板的规格尺寸允许偏差要求应符合表3.3中的规定。

表3.3　干挂圆弧板的规格尺寸偏差要求

项目	亚光面和镜面板材			粗面板材		
	优等品	一等品	合格品	优等品	一等品	合格品
弦长（mm）	0 −1.0		0 −1.5	0 −1.5	0 −2.0	0 −2.0
高度（mm）				0 −1.0		0 −1.5
厚度（mm）	+1.0 −1.0	+2.0 −1.0	+3.0 −1.0	+3.0 −1.0	+4.0 −1.0	+5.0 −1.0

建筑幕墙用的石材面板若采用宽缝挂装时，制作板材的外形尺寸允许偏差可适当放宽，应在设计图中标出或在购销合同中明示，放宽后的外形尺寸允许偏差要求见表3.4。

表3.4　宽缝挂装石材放宽后的外形尺寸允许偏差要求　　单位：mm

项目	长度、宽度	对角线差	平面度	厚度
亚光面、镜面板	±1.0	±1.5	1	+2.0 −1.0
粗面板	±1.0	±1.5	2	+3.0 −1.0

干挂石材的槽孔宜在工厂加工，安装槽、孔的加工尺寸及允许偏差应符合表3.5、表3.6中的要求。

表3.5　石材面板通槽（短平槽、弧形短槽）、短槽和碟形背卡槽允许偏差　单位：mm

项目	通槽 （短平槽、弧形短槽）		短槽		碟形背卡		检测方法
	最小尺寸	允许偏差	最小尺寸	允许偏差	最小尺寸	允许偏差	
槽宽度	7.0	±0.5	7.0	±0.5	3	±0.5	卡尺

续表

项目	通槽 （短平槽、弧形短槽）		短槽		碟形背卡		检测方法
	最小尺寸	允许偏差	最小尺寸	允许偏差	最小尺寸	允许偏差	
槽有效长度（短平槽槽底处）	—	±2	100	±2	180	—	卡尺
槽深（槽角度）	—	槽深/20	—	矢高/20	45°	+5° 0	卡尺量角器
两（短平槽）槽中心线距离 （背卡上下两组槽）	—	±2	—	±2	—	±2	卡尺
槽外边到板端边距离 （碟形背卡外槽到 与其平行板端边距离）	—	±2	不小于板 材厚度和 85，不大 于180	±2	50	±2	卡尺
内边到板端边距离	—	±3	—	±3	—	—	卡尺
槽任一端侧边到板外表面距离	8.0	±0.5	8.0	±0.5	—	—	卡尺
槽任一端侧边到板内 表面距离（含板厚偏差）	—	±1.5	—	±1.5	—	—	卡尺
槽深度（有效长度内）	16	±1.5	16	±1.5	垂直10	+2 0	深度尺
背卡的两个斜槽石材 表面保留宽度	—	—	—	—	31	±2	卡尺
背卡的两个斜槽槽底 石材保留宽度	—	—	—	—	13	±2	卡尺

表 3.6　石材面板孔加工尺寸及允许偏差　　　　单位：mm

石材面板 固定形式	孔径		孔中心线到 板边的距离	孔底到板面保留厚度		检测方法
	孔类别	允许偏差		最小尺寸	偏差	
背拴式	直径	+0.4 −0.2	最小50	8.0	−0.4 +0.1	卡尺 深度尺
	扩孔	±0.3				
		+1.0[a] −0.3				

注：a　适用于石灰石、砂岩类干挂石材。

干挂石材板材的平面度允许极限公差要求应符合表 3.7 中的规定。

表 3.7　干挂石材板材平面度允许极限公差要求　　　　单位：mm

板材长度（L）	镜面和细面板材			粗面板材		
	A	B	C	A	B	C
L≤400	0.2	0.4	0.5	0.6	0.8	1.0
400<L≤800	0.5	0.7	0.8	1.2	1.5	1.8
L>800	0.7	0.9	1.0	1.5	1.8	2.0

圆弧板直线度与线轮廓度允许公差要求应符合表 3.8 中的规定。

表 3.8 圆弧板直线度与线轮廓度允许公差要求   单位：mm

分类与等级 项目		亚光面和镜面板材			粗面板材		
		A	B	C	A	B	C
直线度（按板材高度）	≤800	0.8	1.0	1.2	1.0	1.2	1.5
	>800	1.0	1.2	1.5	1.5	1.5	2.0
线轮廓度		0.8	1.0	1.2	1.0	1.5	2.0

干挂石材板材的角度允许极限公差要求应符合表 3.9 中的规定。圆弧板角度允许公差：A 级为 0.40mm，B 级为 0.60mm，C 级为 0.80mm。

表 3.9 干挂石材板材的角度允许极限公差要求   单位：mm

板材长度	A	B	C
≤400	0.30	0.50	0.80
>400	0.40	0.60	1.00

花岗石镜面板材的镜向光泽度应不低于 80 光泽单位，大理石镜面板材的镜向光泽度应不低于 70 光泽单位。特殊需要以及其他石材产品镜向光泽度按供需双方协商确定。

干挂石材的外观质量中不允许有裂纹存在。其余应符合相关的标准、相应等级对天然石板外观质量的要求。

干挂饰面石材的主要物理性能指标应符合表 3.10 中的规定。

表 3.10 干挂饰面石材的主要物理性能指标

项目		技术指标			
		天然花岗石	天然大理石	天然石灰石	天然砂岩
体积密度（g/cm³）≥		2.56	2.60	2.30	2.40
吸水率（%）≤		0.40	0.50	2.50	3.00
干燥 水饱和	压缩强度（MPa）≥	130	50	34	70
干燥 水饱和	弯曲强度（MPa）≥	8.3	7.0	4.0	6.9
抗冻系数（%）≥		80	80	80	80

干挂石材在实际工程中与使用的挂件组成挂件组合单元的挂装强度、挂装系统的结构强度应符合设计要求，正常情况下应满足表 3.11 中的规定。

表 3.11 挂件组合单元的挂装强度和结构强度的性能指标

安装部位 项目	室内饰面	室外饰面
挂件组合单元挂装强度（kN）	不低于 0.65	不低于 2.80
石材挂装系统结构强度（kPa）	不低于 1.20	不低于 5.00

3.5　工程设计要点

在干挂石材的选择和色差的控制方面，除了执行一般的建筑板材产品要点外，还应注意以下一些特殊事项：

（1）当石材板材单件质量大于 40kg 或单块板材面积超过 $1m^2$ 或室内建筑高度在 3.5m 以上或跨过建筑楼层间距时，墙面和柱面应设计成干挂安装法。

（2）石材饰面的性能应满足建筑物所在地的地理、气候、环境及幕墙功能的要求，当应用在外墙时，宜采用花岗石类石材，可采用坚固性好的大理石、中密度以上的石灰石、强度高的砂岩。采用疏松和带孔洞石材时，应有可靠的技术依据。一般而言，二氧化硅（SiO_2）含量高的石材如花岗石，有较高的强度和耐酸性、耐久性适用于外墙；含氧化钙较高的石材，如石灰石、大理石，当空气潮湿并有二氧化硫时，容易受到腐蚀，适宜用作内墙，用作外墙时表面应做可靠的防护处理。

（3）弯曲强度标准值小于 8.0MPa 的石材面板，应采取附加构造措施保证石材面板的可靠性。根据既有的工程经验：花岗岩的有效厚度不小于 25mm，大理石和高密度石灰石的有效厚度不小于 35mm，弯曲强度在 4.0 ~ 8.0MPa 的石材有效厚度不小于 40mm，粗面石材厚度还要增加 3mm，单块石材面积不宜大于 $1.5m^2$。

（4）圆柱采用圆弧板拼接时，每圈不得少于 3 拼，弧面半径较小时应增加拼接板数量。

（5）当选用较大尺寸的板材时，在外力作用下的安全性，必须引起足够的重视。石材使用的环境（部位、场所）不同，对其物理性能和化学成分的要求也不相同。当建筑地点确定后，应确定其使用条件，如有无抗震要求、当地风力、施工季节，板材拼接后的应力是否过大，减小应力是通过缩小板块尺寸还是增加板的厚度等，再合理地确定石材所应满足的性能。

（6）内外墙用干挂石材的使用场所与物理性能的要求见表 3.12。

表 3.12　使用场所与物理性能

使用场所	体积密度	吸水率	压缩强度	抗冻系数	弯曲强度	弹性模量	热膨胀系数	抗冲击强度	耐磨度	硬度
外墙装饰	●●	●●	●●	●●●	●●●	●●	●●	—	—	—
内墙装饰	●●	●	●	—	●	—	—	●●●	—	—

注：1. —表示不重要；●表示不太重要；●●表示重要；●●●表示很重要。
　　2. 选用时可依据其重要性，对石材性能要求适当调整。

（7）外墙用的石材对化学成分也有一定的要求，如氧化铁、硫化铁、炭质成分、无机盐及黏土等成分可造成泛黄、锈斑等问题，应对这些成分的含量提出要求，或加强对石材的防护处理。对致使热膨胀系数高、导热导电率高的物质含量，也应加以限制。

（8）某一花色品种的外饰面为大型板材，虽强度较低，但其颜色、花纹为设计创意所追求，难以替代，在经济允许的条件下，可采取在石材背面补强的办法，达到设计使用要求。通常补强的办法有两种：一种是采用渗透性极强的树脂类化学分子注入石材结晶格子间隙补强（环氧树脂类适用于花岗石，聚脂树脂类适用于大理石），以增加石材的机械强度、表面硬度和修补板材缺陷；另一种是把石材强力网（尼龙网或玻纤网）用胶粘剂贴于石材背面补强，提高石材的抗弯、抗拉强度，满足设计、使用的要求。特殊场合还可使用粘结角钢或石条作为增强筋。

（9）干挂石材应做好表面、背面及侧面的防护，带有背网的且粘贴牢固的石材背面不再进行防护。

3.6 工程施工工艺及注意事项

石材幕墙是由石材面板与支撑结构体系组成的、具有规定的承载能力和变形能力、不分担主体结构荷载与作用的建筑围护结构，其整体安全性越来越受到重视。在施工中，重点抓住其与主体结构锚固的牢固性、支撑结构的稳定性，以及石材面板与支撑结构之间可靠的机械连接，同时还要注意以下要点：

（1）石材幕墙安装的放线，一般宜从中间往两侧展开，并通过调整分格尺寸逐渐分解或减少主体结构施工偏差和测量累计误差。当偏差过大时，可在石材幕墙的阳角或阴角处设置误差补偿区。其他位置是在石材施工完成后，再根据实测尺寸加工误差补偿区的石材面板。

（2）石材幕墙立柱的安装应符合下列规定：立柱安装标高偏差不应大于3mm，轴线前后偏差不应大于2mm，左右偏差不应大于3mm；相邻两根立柱安装标高偏差不应大于3mm，同层立柱的最大标高偏差不应大于5mm，相邻两根立柱的距离偏差不应大于2mm。

（3）石材幕墙横梁的安装应符合下列规定：相邻两根横梁的水平标高偏差不应大于1mm；当一幅幕墙宽度小于或等于35m时，同层横梁标高偏差不应大于5mm；当一幅幕墙宽度大于35m时，同层横梁标高偏差不应大于7mm。

（4）幕墙钢构件施焊后，其表面应采取防腐措施。

（5）石材板块安装前，应对横竖连接件进行检查、测量和调整。

（6）石材板块之间的缝隙应填充硅酮耐候密封胶，当设计无规定时，胶缝的宽度和厚度应根据选用密封胶的技术参数确定。

（7）石材幕墙防雷设施，应按有关规定与主体建筑避雷系统可靠地连接。

干挂石材施工时，除了控制石材的色差、质量外，还应注意以下事项：

（1）干挂石材的槽孔适宜在加工厂进行加工，可以减少工地现场的加工作业和污染。如不得已在施工现场进行再加工时，应按照要求进行专业开槽、开孔加工，并应加强对环境和人员的防护处理。在加工完成后，清洁和干燥加工部位，在加工部位涂刷相同型号的石材防护剂，按照防护剂要求完成养护后方可进行施工安装。

（2）施工现场进行石材防护作业时，应严格按照防护剂的要求进行施工，保持石材的清洁和干燥，涂刷防护剂后应按要求在阴凉、通风的地方养护规定的时间。

3.7　工程监理要点

干挂石材大量应用在幕墙施工中，涉及建筑物安全方面的因素，因此工程监理特别应注意以下要点：

（1）规格尺寸偏差、平整度公差、角度公差、光泽度（镜面板）、外观质量等出厂检验项目应在工地复查确认，作为评判质量等级的依据。

（2）物理性能检验项目应按批量进行抽检或有见证送检，特别是弯曲强度、吸水率和抗冻系数等关键性指标，应作为工程质量验收的依据。

（3）槽孔的加工质量、组合件的连接方式等细节应严格要求。

（4）有排板编号的石材应严格按照编号的部位和顺序进行安装。

（5）防脱落背网、各类石材胶粘剂和密封胶、防护剂使用是否正确。

3.8　工程检验与验收要点

干挂石材应按照相应的规范和设计要求进行检验批的划分、检验和验收。石材产品的加工质量、外观质量以出厂检验和工地现场监理检验数据为依据，石材材质、物理性能则以供货时抽检或有见证送检报告为准。工程安装、验收、使用后不再对石材产品进行取样检验，因为影响因素较多，无法复现供货时的实际产品质量。

构件式幕墙安装允许偏差和检验方法应符合表 3.13 中的规定，构件式石材幕墙挂件安装允许偏差尚应符合表 3.14 中的规定。

表 3.13　构件式幕墙安装允许偏差和检验方法

项目		允许偏差（mm）	检验方法
幕墙垂直度	$H \leqslant 30m$	10.0	激光经纬仪或经纬仪
	$30m < H \leqslant 60m$	15.0	
	$60m < H \leqslant 90m$	20.0	
	$90m < H \leqslant 150m$	25.0	
	$H > 150m$	30.0	
幕墙水平度	$B \leqslant 35m$	5.0	水平仪
	$B > 35m$	7.0	
构件直线度		2.0	2m靠尺和塞尺
构件水平度	$L_1 \leqslant 2m$	2.0	水平仪
	$L_1 > 2m$	3.0	
相邻构件错位		1.0	金属直尺
分格框对角线长度差	$L_2 \leqslant 2m$	3.0	金属直尺
	$L_2 > 2m$	4.0	

注：H 为幕墙总高度，B 为幕墙宽度，L_1 为构件长度，L_2 为对角线长度。

表 3.14　构件式石材幕墙挂件安装允许偏差

序号	项目	允许偏差（mm）	检查方法
1	挂件水平位置	1.0	水平仪
2	挂件标高	±1.0	水平仪、水平尺
3	挂件前后水平标高差	1.0	水平尺
4	挂件挂钩中心线与石板槽口中心线差	2.0	金属直尺
5	挂件入槽深度（与设计值比）	±2.0	金属直尺
6	背栓挂件端部边缘至背栓中心线距离	±1.0	金属直尺
7	背栓挂件插入支承横梁凸缘的深度（与设计值比）	±1.0	金属直尺

单元式幕墙安装允许偏差和检验方法应符合表 3.15 中的规定。

表 3.15　单元式幕墙安装允许偏差和检验方法

项目		允许偏差（mm）	检验方法
幕墙垂直度	$H \leqslant 30m$	10.0	激光经纬仪或经纬仪
	$30m < H \leqslant 60m$	15.0	
	$60m < H \leqslant 90m$	20.0	
	$90m < H \leqslant 150m$	25.0	
	$H > 150m$	30.0	
墙面平面度		2.5	2m 靠尺和塞尺
竖缝直线度		2.5	2m 靠尺和塞尺
横缝直线度		2.5	2m 靠尺和塞尺
单元间接缝宽度（与设计值比）		±2.0	金属直尺
相邻两单元接缝面板高低差		1.0	深度尺
单元对插配合间隙（与设计值比）		+1.0　0.0	金属直尺
单元对插搭接长度		±1.0	金属直尺

注：H 为幕墙总高度。

干挂石材板材安装到位后，横向构件不应发生明显的扭转变形，板块的支撑件或连接托板端头纵向位移应不大于 2mm。相邻转角板块的连接不应采用粘结方式。

每平方米石材的正面质量应符合表 3.16 中的要求。

表 3.16　石材正面质量的要求

项目	质量要求	检查方法
宽度 0.1～0.3mm 的划伤	每条长度小于 100mm 且不多于 2 条	观察、金属直尺
缺棱、缺角	缺损深度小于 5mm 且不多于 2 处	金属直尺

石材幕墙面板接缝应横平竖直、大小均匀，目视无明显弯曲扭斜，胶缝外应无胶渍。

石材幕墙的面板宜采用便于各板块独立安装和拆卸的支承固定系统，不宜采用 T 形挂装系统。

第4章 墙面粘贴和挂贴石材

4.1 材料和产品分类

4.1.1 材料

适合使用在室内外墙面采用粘贴的石材包括花岗石、大理石、石灰石、砂岩、板石等，厚度为 8～12mm 比较适宜，通常为 10mm。厚度小于 8mm 的超薄石材应采用复合的形式进行粘贴，基材材料多使用通体陶瓷砖或其他石材材质。石材马赛克产品可以直接使用实际厚度的产品进行安装。采用挂贴安装的石材，可以使用第 2 章规定的建筑板材，材质包括花岗石、大理石、石灰石、砂岩、板石等，考虑到对建筑物的承载影响，厚度一般不要超过 20mm。

4.1.2 产品分类

规格化的室内外墙面粘贴薄型石材称为石材墙砖，适合家装使用。按照墙砖产品表面加工效果分为光面砖和粗面砖；按石材材质种类分为花岗石砖、大理石砖、石灰石砖、砂岩砖和板石砖。墙砖按照尺寸偏差、外观质量分为 A 级和 B 级两个等级。

采用挂贴方式安装的建筑板材，其分类详见第 2 章的有关内容。

墙面用的复合板石材，薄型的产品可采用粘贴方式安装，厚型产品宜采用挂贴方式安装。石材与陶瓷的复合板一般采用粘贴方式安装，石材与石材复合板在墙面多采用挂贴方式安装，石材与玻璃及柔质基材的复合板多采用干挂方式安装（内容参考本书第 3 章）。超薄石材复合板的产品分类如下：

（1）按基材类型分为：

① 石材-硬质基材复合板，如瓷砖、石材、玻璃基材。

② 石材-柔质基材复合板，如铝蜂窝、铝塑复合板、保温材料复合板基材。

（2）按形状分为：

① 普型板。

② 圆弧板。

③ 异型板。

（3）按面材表面加工程度分：

① 镜面板：面材为镜面板的复合板。

② 细面板：面材为细面板的复合板。

③ 粗面板：面材为粗面板的复合板。

4.2　特性和适用范围

各种材质墙面石材的特性和适用范围见表4.1。

表 4.1　各种材质墙面石材的特性和适用范围

产品种类	性能特点	适用范围
天然花岗石	硬度高，耐酸碱、抗风化能力强，装饰效果庄重、淡雅	适用于室内外墙面、柱面等装饰和一般性结构承载
天然大理石	密度高、吸水率低、可抛出光泽；具有富丽堂皇的装饰效果	适用于室内外墙面装饰
天然石灰石	吸水率大，不易抛出光泽，常有花纹图案	适用于室内墙、地面和室外墙面装饰
天然砂岩	多孔结构，强度随结构变化大，具有独特古朴装饰风格	适用于室内墙面装饰
天然板石	质地坚硬，抗风化能力强，防滑性能好，具有自然古朴的装饰效果	室内外墙面、屋顶盖板等

4.2.1　石材-陶瓷复合板

石材-陶瓷复合板是以名贵的进口大理石为面材，以陶瓷通体砖为基材。其各项性能稳定，是主要批量生产的产品，已形成了规格化的大批量生产规模，可直接进入建材超市，供消费者直接选用，目前以出口为主。石材-陶瓷复合板集石材的天然装饰效果和瓷砖方便安装等优点，得到了广泛的应用，适合于百姓家居和卫生间等快速安装。

4.2.2　石材-石材复合板

石材-石材复合板是以名贵或资源趋于枯竭的石材为面材，与各项性能相近且价格低廉的国产花岗石或大理石复合，产品质量一般比较稳定，适合于各类建筑装饰工程中所选石材，从供货或经济性方面不能满足工程需要的替代产品。其用于墙地面等不同部位和用途时，应该指定石材面材厚度，以保证使用寿命。

4.2.3　石材-玻璃复合板

石材-玻璃复合板是以玻璃为基材，与超薄石材进行复合而成的板材。它具有透光性能，用在特殊的发光墙面和柱面。产品容易出现渗胶变黄等缺陷。

4.2.4　石材-铝蜂窝复合板

石材-铝蜂窝复合板是以超薄石材为面材，铝板或不锈钢板中间夹铝蜂窝板为基材，复合成的装饰板。它的最大特点是质量轻，并有弯曲弹性变性，适合在高层建筑和重量方面有要求的装饰工程。其缺点是抗压缩方面能力弱，不适合在地面上使用。在不同的温差下，板材会出现平整度方面的变化，故尺寸不宜过大。

4.2.5　其他基材石材复合板

目前用量较少，使用在特殊的场合。石材-保温复合板的产品和安装技术目前仍在研发和探索中。

4.3　选用原则

石材墙砖和建筑板材的选用原则遵循石材通用原则，内容详见本书第 2 章。

石材复合板是在普通石材毛板的基础上，采用改性环氧树脂胶粘剂与基材粘结后，通过加压和固化等工艺过程，再经过金刚石带锯对切，形成面材为石材的复合板，石材表面按要求可进行抛光、仿古、喷砂等工艺处理。因此，选用复合板主要的原因是面材为名贵石材品种或要求石材质量很轻的场合。

面材石材厚度按照要求可加工成 3~8mm，规格尺寸受设备局限一般小于 800mm。面材过薄会影响石材的使用寿命；过厚会增加重量、提高成本、影响安全。

石材复合板使用的胶粘剂性能是复合石材各项性能的关键，一般要求使用改性环氧树脂和聚氨酯类胶粘剂，忌用不饱和树脂类胶粘剂。受到胶粘剂的影响，目前石材复合板还不适合在室外墙地面上使用。

4.4　主要技术要求

4.4.1　执行标准

《天然板石》（GB/T 18600—2009）

《天然花岗石建筑板材》（GB/T 18601—2009）

《天然大理石建筑板材》（GB/T 19766—2016）

《天然砂岩建筑板材》（GB/T 23452—2009）

《天然石灰石建筑板材》（GB/T 23453—2009）

《超薄石材复合板》（GB/T 29059—2012）

《石材马赛克》（JC/T 2121—2012）

《天然石材墙地砖》（JC/T 2386—2016）

《天然石材装饰工程技术规程》（JCG/T 60001—2007）

《建筑装饰工程石材应用技术规程》（DB11/512—2017）

4.4.2 主要技术要点

1. 建筑板材

这部分要求与地面使用的建筑板材相同，参考 2.4.2 中的内容。

2. 石材墙砖

天然石材墙砖通用规格尺寸见表 4.2，特殊要求由供需双方协商确定，以合同、图纸的形式注明。

表 4.2 天然石材墙砖通用规格尺寸

项 目	长度、宽度和厚度（mm）
墙砖规格尺寸系列	$100 \times 50 \times 8$、$100 \times 100 \times 8$、$150 \times 50 \times 8$、$150 \times 100 \times 8$、$150 \times 150 \times 8$、$200 \times 100 \times 10$、$200 \times 200 \times 10$、$300 \times 100 \times 10$、$300 \times 150 \times 10$、$300 \times 200 \times 10$、$300 \times 300 \times 10$、$450 \times 300 \times 12$、$600 \times 300 \times 12$

天然石材光面砖的尺寸偏差技术要求应符合表 4.3 中的规定，粗面砖的尺寸偏差技术要求应符合表 4.4 中的规定，特殊要求由供需双方协商确定。石材砖的表面棱宜进行倒角处理，倒角一般不超过 1.0mm，特殊要求由供需双方协商确定。

表 4.3 天然石材光面砖的尺寸偏差技术要求

项 目	技术要求	
	A	B
长度、宽度偏差（mm）	±0.5	+0.5 −1.0
厚度偏差（mm）	±0.5	±1.0
平面度公差（mm）	0.3	0.5
对角线差（mm）	±0.7	±1.0

表 4.4 天然石材粗面砖的尺寸偏差技术要求

项 目	技术要求	
	A	B
长度、宽度偏差（mm）	±0.5	+0.5 −1.0
厚度偏差（mm）	±1.0	±1.5
对角线差（mm）	±0.7	±1.0

同一批石材砖应无明显色差，花纹色调应基本调和。其外观缺陷技术要求应符合表 4.5 中的要求。石材墙地砖允许粘结和修补，粘结和修补后应不影响外观，不降低耐老化和耐冲击性能。

表 4.5　石材砖的外观缺陷技术要求

缺陷名称	规定内容	技术要求	
		A	B
裂纹	长度不超过两端顺延至边总长度的 1/10（长度小于 10mm 的不计），每块允许条数（条）	0	1
缺棱	长度不大于 4.0mm，宽度不大于 1.0mm（长度小于 1.0mm，宽度小于 1.0mm 不计），每块允许个数（个）	1	2
缺角	沿边长，长度不大于 3.0mm，宽度不大于 3.0mm（长度小于 1mm，宽度小于 1mm 不计），每块允许个数（个）	0	1
色斑	任何明显有别于周边花纹和色调的斑状、条纹状、条带状痕迹，每块砖允许个数（个）	0	0
砂眼	直径小于 1.0mm	无	不明显

石材砖的激冷激热加速老化试验后，表面应无明显变化，质量损失率不大于 1.0%，耐断裂能量应不小于 2.0J。

3. 超薄石材复合板

复合板规格板的边长系列为：300mm、400mm、600mm、800mm、900mm、1200mm、1600mm 等。普型板的规格尺寸允许偏差要求符合表 4.6 中的规定。圆弧板壁厚最小值不小于 20mm，规格尺寸允许偏差要求符合表 4.7 中的规定。

表 4.6　普型板的规格尺寸偏差要求

项目	镜面和细面板材	粗面板材
长、宽度（mm）	0 −1.0	0 −1.0
总厚度（mm）	+1.0 −1.0	+1.5 −1.0

表 4.7　圆弧板的规格尺寸偏差要求

项目	镜面和细面板材	粗面板材
弦长（mm）	0	0
高度（mm）	−1.0	−1.5

墙面用复合板面材厚度应不小于 1.5mm 且不大于 5.0mm，允许偏差为 ±0.5mm。普型板平面度允许公差符合表 4.8 中的规定。圆弧板直线度与线轮廓度允许公差符合表 4.9 中的规定。

表 4.8　普型板平面度允许公差　　　　　　　　　　单位：mm

板材长度（L）	镜面和细面板材	粗面板材
L≤400	0.50	0.60
400<L≤800	0.80	0.90
L>800	1.00	1.10

表 4.9　圆弧板直线度与线轮廓度允许公差　　　　单位：mm

板材长度		镜面和亚光面板材	粗面板材
直线度（按板材高度）	≤600	1.10	1.20
	>600	1.30	1.40
线轮廓度		1.20	1.40

普型板角度允许公差符合表 4.10 中的规定，圆弧板角度允许公差符合表 4.11 中的规定。

表 4.10　普型板角度允许公差　　　　单位：mm

板材长度	镜面和细面板材	粗面板材
≤400	0.80	0.90
>400	1.00	1.00

表 4.11　圆弧板角度允许公差　　　　单位：mm

镜面和亚光面板材	粗面板材
0.80	1.00

复合板面材外观质量应按照石材的种类分别符合标准 GB/T 18601、GB/T 19766、GB/T 23452、GB/T 23453 中外观质量的规定，基材外观应保持干净整洁，无明显的缺棱、掉角等缺陷。面材为天然花岗石的复合板，镜向光泽度不低于 80 光泽单位；面材为天然大理石的复合板，镜向光泽度不低于 70 光泽单位。

柔质基材复合板稳定性技术指标应符合表 4.12 中的规定。

表 4.12　柔质基材复合板稳定性技术指标　　　　单位：mm

板材长度	普型板		圆弧板	
	镜面和细面板材	粗面板材	镜面和细面板材	粗面板材
≤600	0.80	1.00	1.20	1.40
>600	1.20	1.40	1.40	1.60

硬质基材复合板物理性能技术指标应符合表 4.13 中的规定；铝蜂窝基材复合板物理性能技术指标应符合表 4.14 中的规定；基材为铝蜂窝芯复合板的石材复合板物理性能要求应符合表 4.15 中的规定。

表 4.13　硬质基材复合板物理性能技术指标

序号	项　目		技术指标
1	抗折强度（MPa）≥	干燥	7.0
		水饱和	7.0
2	弹性模量（GPa）≥	干燥	10.0

续表

序号	项 目		技术指标
3	剪切强度（MPa）≥	标准状态	4.0
		热处理80℃（168h）	4.0
		浸水后（168h）	3.2
		冻融循环[a]（50 次）	2.8
		耐酸性[a]（28d）	2.8
4	落球冲击强度（300mm）		表面不得出现裂纹、凹陷、掉角
5	耐磨度（1/cm³）　≥		8（面材为天然砂岩） 10（面材为天然大理石、天然石灰石） 25（面材为天然花岗石）

a　外墙用检验项目。

表 4.14　铝蜂窝基材复合板物理性能技术指标

序号	项 目		技术指标
1	抗折强度（MPa）≥	干燥	7.0（面材向下）
			18.0（面材向上）
2	弹性模量（GPa）≥	干燥	1.5（面材向下）
			3.0（面材向上）
3	粘结强度（MPa）≥	标准状态	1.0
		热处理80℃（168h）	1.0
		浸水后（168h）	0.8
		冻融循环[a]（50 次）	0.7
		耐酸性[a]（28d）	0.7
4	落球冲击强度（300mm）		表面不得出现裂纹、凹陷、掉角
5	耐磨度（1/cm³）　≥		8（面材为天然砂岩） 10（面材为天然大理石、天然石灰石） 25（面材为天然花岗石）

a　外墙用检验项目。

表 4.15　基材为铝蜂窝芯复合板的石材复合板物理性能要求

项 目	技术要求	
	外装用	内装用
耐玷污性	无明显残余污染痕迹	
抗落球冲击	无开胶、脱落破坏	
抗柔重物体冲击	无开胶、脱落破坏	
平压强度（MPa）	≥0.8	≥0.6
平压弹性模量（MPa）	≥30	≥25
平面剪切强度（MPa）	≥0.5	≥0.4
平面剪切弹性模量（MPa）	≥4.0	≥3.0

续表

项　目		技术要求	
		外装用	内装用
滚筒剥离强度 （N·mm/mm）	平均值	≥50	≥40
	最小值	≥40	≥30
平拉粘结强度（MPa）	平均值	≥1.0	≥0.6
	最小值	≥0.6	≥0.4
弯曲强度（标准值）（MPa）	花岗石	≥8.0	—
	砂岩、大理石、石灰石	≥4.0	
弯曲刚度（N·mm²）	铝蜂窝板	≥1.0×10⁹	≥1.0×10⁸
	钢蜂窝板	≥1.0×10⁹	
	玻纤蜂窝板	≥1.5×10⁸	
剪切刚度（N）		≥1.0×10⁵	≥1.0×10⁴
耐热水性	外观	无异常	—
	平拉粘结强度平均值 下降率（%）	≤15	
耐温差性	外观	无异常	—
	弯曲强度下降率（%）	≤20	
抗冻性	外观	无异常	—
	平拉粘结强度平均值 下降率（%）	≤15	
预埋安装螺母抗拉极限承载力（kN）		≥3.2	

4.5　工程设计要点

4.5.1　建筑板材和石材砖

　　墙面石材的品种选择和色差控制等方面与其他板材相同，这部分内容可参考第2章中的相关内容。针对墙面石材的特殊工艺和要求，还应注重以下方面的内容：

　　（1）墙面粘贴法应使用专用水泥基胶粘剂或树脂基胶粘剂，增强粘结强度，避免脱落造成安全事故。

　　（2）石材施工前应清除背网和背胶，补刷底面型防护剂并按规定进行养护。坚固性差的大理石和石灰石因碎裂等问题造成背网宜保留时，应使用环氧树脂胶黏贴背网，并粘贴砂粒，增强与水泥基胶粘剂的粘结强度，否则应剔除背网。

　　（3）湿贴法在刚度较小的墙体上和强震区应尽量避免使用。

　　（4）湿贴石材应做好六面防水处理，增强防水防油污能力。尤其是底面，应采用专用底面型防护剂，避免粘结强度下降。一般来说，对深色石材，在防护处理时要特别注意泛碱问题；对浅色石材的防护处理，必须注意防止锈斑。

（5）石材规格尺寸应尽可能地选用规格化板，有利于降低成本，提高出材率，节约资源。特殊需要时，应采用适宜加工和安装的规格，尽可能采用相同规格、大小搭配规格和较少的规格型号，便于批量生产和安装更换。

（6）石灰石是因洞石类石材的引入衍生出来的另一类大理石，强度比传统的大理石低，含有丰富的易断裂的纹理。但是其丰富的颜色和纹理变化得到设计师的青睐，在工程中得到了广泛应用，常常以大理石的身份进入市场，特别应注意该类石材强度低、不耐磨、易断裂、易脱落等问题，应在选用和设计时加以考虑。外墙使用石灰石时，应做好表面防护处理，洞石宜进行填洞处理，可采用石粉和胶粘剂的方法。

（7）天然板石最适合采用湿贴法用于别墅、餐饮娱乐场所、公共建筑广场的内外墙以及卫生间等场所，具有古朴的风格。

（8）砂岩也是墙面粘贴法的理想材料，花纹变化奇特，如同自然界里树木年轮、木材花纹、山水画，是墙面石材的上好品种。砂岩因其内部构造空隙率大的特性，具有吸声、吸潮、防火、亚光的特性，适用于具有装饰和吸声要求的影剧院、体育馆、饭店等公共场所，甚至可省去吸声板和拉毛墙。砂岩是一种环保、绿色的建筑装饰材料。

4.5.2　石材复合板

石材复合板是一种新型的节材产品，应用时间较短，还在不断地摸索和提高工艺与技术，不同企业间的工艺和质量差异很大，使用不同品牌和不同配方的胶粘剂也会有不同的产品性能，不同的石材面材也会有不同的问题。目前，复合工艺比较完善的是大理石面材的石材，质地致密细腻的黑色花岗石也可很好地进行复合，但目前工艺还解决不了大颗粒花岗石超薄板的加工和复合。因此，在选择石材复合板时，一定要结合工程的实际情况，合理选用，严格把关，方可避免问题的出现。

应了解选用石材的理化性能和使用部位及功能，选择适当的基材。石材-铝蜂窝复合板的平整度变形较大，根据设计的需要，从安全和外观装饰效果方面给出最大的变形系数，并在试验的基础上，确定挂点布置和最大尺寸，保证在所处环境条件下，最大变形符合设计要求。对于高层或特殊环境要求如质量轻的石材装修场合，软质基材的石材复合板是绝佳的选择，已经有成功的工程案例。

石材复合板面材出材率是普通建筑板材（厚为20mm）的2~3倍，可以大大节约石材资源。计算基材、胶粘剂和加工成本后，对于普通石材经济性不明显，甚至成本会增加；但对于高档进口石材，尤其是资源趋于枯竭的名贵石材，经济性是非常明显的，例如莎安娜米黄、西班牙米黄大理石等。

复合石材可以有效地提高颜色花纹变化比较大的石材的应用质量，颜色花纹基本一致的一颗或几颗荒料即可完成一个装饰面，大大降低了色差等工程质量问题。

石材复合板耐老化性和使用寿命取决于胶粘剂的性能，比天然石材要差。

4.6 工程施工工艺及注意事项

墙面石材施工对于小规格板材（一般厚度＜20mm、边长≤400mm）可采用湿贴方法，其施工要点如下：

（1）基层处理：饰面的墙柱体的基层表面应规整、粗糙、洁净，对于光滑的基底表面，要先进行"毛化"处理。

（2）按设计图纸和贴面部位并根据饰面板的规格尺寸，弹出水平和垂直控制线、分格线、分块线。

（3）湿贴石材前，石材背侧面应做施工防护处理，方法是在饰面板表面充分干燥后，用石材防护剂对饰面板背面及侧边进行涂刷处理。

（4）底灰凝固后洒水湿润，在饰面板后均匀薄抹一层素水泥浆或其他与粘结料相配套的界面材料。

（5）自下而上湿贴饰面板，先贴两端饰面板，再拉通线定中间部位饰面板上沿位置。

（6）板块就位后，用橡皮锤轻敲，用靠尺板找平找直。

（7）饰面板湿贴完毕后，立即清除所有粘结浆的痕迹。按设计要求及饰面板颜色调制色浆嵌缝。

墙面使用大规格块材（厚度≥20mm），可采用挂贴安装方法，其施工要点如下：

（1）饰面的墙体表面无疏松层并清扫干净。按设计图纸和实际尺寸弹出安装饰面板的位置线和分块线。

（2）剔出墙上的预埋件（无预埋件时，可用 ϕ≥10mm、L≥110mm 的胀栓作为锚固件），绑扎竖向、横向钢筋。也可采用预焊钢筋网片，钢筋网固定牢固。

（3）安装前，先将饰面板上下按照设计要求，钻孔打眼挂丝，一般上下各两处，当板材较大时可增加打孔和挂丝。防锈金属丝一般长200mm左右。

（4）饰面板表面充分干燥后，用石材防护剂对饰面板背面及侧边进行防护处理。按编号取饰面板并将石材上的防锈金属丝绑在钢筋网上，将饰面板就位。

（5）用石膏临时封堵缝隙，从板上口空隙分三层灌注配合比为1:2.5、稠度为8～12cm（粥状）水泥砂浆。

（6）饰面板安装完毕后，随时清除所有封缝石膏和余浆痕迹。按设计要求及饰面板颜色调制色浆嵌缝，缝隙要密实、均匀、干净、颜色一致。

（7）随时检查安装质量，板材竖向和横向的安装允许偏差应符合有关规定。

湿贴石材施工的注意事项如下：

（1）饰面板在现场切割部位需补刷防护剂。

（2）柱子贴面灌浆前用木方子钉成槽形木卡子，双面卡住饰面板，以防止灌浆时饰面板外胀。

（3）对于白色或浅色饰面板，宜采用高强度等级的白水泥砂浆灌注，以免出现透底影响饰面效果。

（4）冬期施工灌注的砂浆温度不宜低于5℃，环境温度也不应低于5℃。

（5）施工时，应将石材背网铲除，涂刷底面型防护剂后按正常方式施工。坚固性差的大理石、石灰石类石材，背网宜保留，粘结背网的胶粘剂应选用环氧树脂型或无机类型；选用环氧树脂型胶粘剂粘结背网的石材在施工时，应在石材背面粘贴一层砂粒，以提高与水泥砂浆的粘结强度。

（6）安装时，为了避免色差，饰面板除了严格按照出厂排序进行施工外，还必须挑选或试铺，尽可能色调、花纹一致，或者近色安装，或者利用颜色的差异，使其逐次变化，或者构成图案。切忌杂乱无章，顺手牵来，胡乱铺砌。

（7）湿贴法施工不宜采用对接接缝，避免引起石材病变并导致石材的剥落。

4.7　工程监理要点

天然石材工程监理应注意以下要点：

（1）规格尺寸偏差、平整度公差、角度公差、光泽度、外观质量等出厂检验项目应在工地检查确认。

（2）物理性能检验项目应按批量进行有见证复检。

（3）有排板编号的石材应严格按照编号的部位和顺序进行安装。

（4）胶粘剂的使用是否正确。

复合板、马赛克等产品除应及时抽样送检外，应要求提供所使用的胶粘剂全项质检报告，以保证大量供货时使用了符合要求的胶粘剂，石材复合板不可使用不饱和树脂类胶粘剂粘结。

4.8　工程检验与验收要点

石材工程应按照相应的规范和设计要求进行检验批的划分、检验和验收。

石材饰面板工程应符合下列规定：

（1）饰面板所用材料的品种、规格、性能和等级，应符合设计要求及国家产品标准的规定。

（2）饰面板安装方式应符合设计要求，预埋件（或后置螺栓）、连接件的数量、规格、位置、连接方法和防腐、防锈、防火、保温、节能处理必须符合设计要求。饰面板安装必须牢固。

（3）饰面板接缝、嵌缝做法应符合设计要求。

（4）饰面板表面平整、洁净、色泽一致，无划痕、磨痕、翘曲、裂纹和缺损；石材表面应无泛碱等污染。

（5）饰面板上的孔洞套割应尺寸正确、边缘整齐、方正，与电器盒盖交接严密、吻合。

（6）饰面板接缝应平直、光滑、宽窄一致，纵横交缝无明显错台错位；若使用嵌缝材料，填嵌应连续、密实，深度、颜色应符合设计要求。密缝饰面无明显缝隙，缝线平直。

（7）采用湿作业法施工的石材饰面板表面应无泛碱、水渍现象。石材板与基体之间的灌注材料应饱满、密实、无空鼓。

（8）组装式或有特殊要求饰面板的安装应符合设计及产品说明书要求，钉眼应设在不明显处，并尽量遮盖。

（9）饰面板安装的允许偏差和检验方法应符合表 4.16 中的规定。

表 4.16　饰面板安装的允许偏差和检验方法

项次	项目	允许偏差（mm）			检验方法
		光面	剁斧石	蘑菇石	
1	立面垂直度	2	3	3	用 2m 垂直检测尺检查
2	表面平整度	1	3	—	用 2m 靠尺和塞尺检查
3	阴阳角方正	2	4	4	用直角检测尺检查
4	接缝直线度	1	4	4	拉 5m 线，不足 5m 拉通线，用钢直尺检查
5	墙裙、勒脚上口直线度	1	3	3	拉 5m 线，不足 5m 拉通线，用钢直尺检查
6	接缝高低差	0.5	3	—	用钢直尺和塞尺检查
7	接缝宽度（与设计值比）	1	2	2	用钢直尺检查

第5章 广场路面用天然石材

5.1 材料和产品分类

目前，广场路面用天然石材主要有广场石、路面石和路缘石三种。

广场石：用来铺设广场的天然石材，宽度一般大于厚度的两倍以上。

路面石：用来铺设道路或人行道的天然石材。

路缘石：作为道路或人行道缘饰的天然石材，主要有直线路缘石和弯曲路缘石，直线路缘石长度一般大于300mm，弯曲路缘石长度一般大于500mm。

广场路面用的天然石材按照材质主要分为花岗石、大理石、石灰石和板石。

5.2 特性和适用范围

花岗石质地坚硬、强度高、耐冻融、抗风化能力强，适用于面积大的广场、路面和路缘石的制作。大理石和石灰石抗风化能力弱、不耐磨，应用在广场路面时应增加厚度，石灰石厚度应增加更多，以达到规定的使用寿命。大理石和石灰石一般应用当地的石材种类，以降低加工和运输成本，如大多数古镇使用的青石板路。板石表面是自然劈裂面，具有很好的防滑性能，非常适合在有坡面或对防滑有特别要求的地方，板石的厚度有限，且容易裂开，不适合制作路缘石。

5.3 选用原则

广场路面用的天然石材一般使用量大、价格低、表面加工简易，选用时应遵循以下原则：

（1）应有足够的承载力和使用寿命。

（2）尽可能低的生产加工和运输成本。

（3）应满足室外雨雪和防滑的要求。

5.4 主要技术要求

5.4.1 执行标准

《广场路面用天然石材》（JC/T 2114—2012）

《天然石材装饰工程技术规程》（JCG/T 60001—2007）

《建筑装饰工程石材应用技术规程》（DB11/512—2017）

5.4.2 技术要点

广场石的尺寸偏差应符合表5.1中的规定，路面石的尺寸偏差应符合表5.2中的规定，路缘石的尺寸偏差应符合表5.3中的规定。表面棱应进行倒角处理，倒角一般不超过2.0mm。其他特殊要求由供需双方协商确定。

表5.1 广场石的尺寸偏差技术要求 单位：mm

项 目			技术要求	
			A	B
长度、宽度偏差	≤700		±1	±2
	>700		±3	±5
	端面为劈裂面时边长偏差		±5	±8
厚度偏差	≤60		±3	±4
	>60		±4	±5
平面度公差	长度≤500	细面或精细面	2.0	3.0
		粗面	4.0	5.0
	长度>500 且≤1000	细面或精细面	3.0	4.0
		粗面	5.0	6.0
	长度>1000	细面或精细面	4.0	6.0
		粗面	6.0	8.0
对角线差	<700		3	5
	≥700		5	8

表5.2 路面石的尺寸偏差技术要求 单位：mm

项 目		技术要求	
		A	B
长度、宽度（或边长）偏差	两个细面或精细面间	±3	±5
	细面或精细面与粗面间	±5	±8
	两个粗面间	±8	±10
厚度偏差	两个细面或精细面间	±5	±10
	细面或精细面与粗面间	±8	±15
	两个粗面间	±10	±20
表面平面度公差	细面或精细面	2.0	3.0
	粗面	3.0	5.0
端面垂直度公差	厚度≤60	2.0	5.0
	厚度>60	5.0	10.0

表 5.3　路缘石的尺寸偏差技术要求　　　　　　　　单位：mm

项　目		技术要求	
		A	B
长度、宽度偏差	两个细面或精细面间	±2	±3
	细面或精细面与粗面间	±4	±5
	两个粗面间	±8	±10
高度偏差	两个细面或精细面间	±5	±10
	细面或精细面与粗面间	±10	±15
	两个粗面间	±15	±20
斜面尺寸偏差[a]	精细面	±2	±5
	细面	±5	±5
	粗面	±10	±15
平面度公差[b]	细面或精细面	2.0	3.0
	粗面	5.0	6.0
垂直度公差		5.0	7.0

a　适用于带有斜面的路缘石。
b　适用于直线路缘石。

同一批石材应无明显色差，花纹应基本一致。广场石外观缺陷应符合表 5.4 中的要求。

表 5.4　广场石外观缺陷技术要求

缺陷名称	规定内容	技术要求	
		A	B
缺棱	长度不超过 15mm，宽度不超过 5.0mm（长度小于 5mm，宽度小于 2.0mm 不计），周边每米长允许个数（个）	1	2
缺角	沿边长，长度 ≤15mm，宽度 ≤15mm（长度 ≤5mm，宽度 ≤5mm 不计），每块允许个数（个）		
裂纹	长度不超过两端顺延至边总长度的 1/10（长度小于 20mm 的不计），每块允许条数（条）		
色斑	面积不超过 20mm×30mm（面积小于 10mm×10mm 不计），每块允许个数（个）	2	3
色线	长度不超过两端顺延至边总长度的 1/10（长度小于 40mm 的不计），每块允许条数（条）		

石材表面防滑系数应不小于 0.5，材质的物理性能应符合表 5.5 中的规定，产品应

按照用途进行表面化学处理，并在出厂时予以注明。

表 5.5　石材材质的物理性能技术要求

项　目		技术指标				
岩矿		花岗石	大理石	石灰石	砂岩	板石
吸水率（%）≤		0.60	0.50	3.00	3.00	0.25
干燥	压缩强度（MPa）≥	100.0	52.0	55.0	68.9	—
水饱和						
干燥	抗折强度（MPa）≥	8.0	6.9	6.9	6.9	20.0
水饱和						
耐磨性（1/cm³）≥		25	10	10	8	8
抗冻性（%）≥		80				
坚固性（%）≤		0.5				

5.5　工程设计要点

广场路面用的天然石材设计时应注意以下事项：

（1）优先选用花岗石类石材；如工程附近有大理石、石灰石、板石等石材种类开采，并可以有效降低运输成本，则可选用非花岗石类石材。

（2）在厚度选择上，通常用花岗石、大理石做广场石、路面石的厚度不小于50mm，用石灰石的厚度不小于75mm，重载的广场石厚度宜在100mm以上。

（3）广场路面石材以粗面和细面为主，对石材材质存在的色差和缺陷表现不明显，因此工程设计选用时可采用普通花色石材品种和矿山边角料进行加工，可有效降低成本。

（4）对防滑有要求的部位可采用粗面加工工艺，其他部位采用金刚石锯切面，可以有效降低加工成本。

（5）广场路面用天然石材不宜进行防护处理，应选用致密的石材品种，降低泛碱、污染现象的发生。

5.6　工程施工工艺及注意事项

广场路面用天然石材应按照正常的工程施工规程进行施工，同时应注意以下事项：

（1）打底层应平整、坚实，避免下陷造成石材断裂现象；盐碱地和地下水丰富的地方应做好防水、防碱处理，以减少对石材的污染侵蚀。

（2）找平层和水泥砂浆粘结层不宜有过多水分，避免对石材造成污染。

（3）石材间应预留足够的拼接缝，不可使用对接接缝，避免因热膨胀造成的拱起。

（4）填缝材料不宜使用白水泥、石膏等碱性物质含量高的材料。广场石和路面石

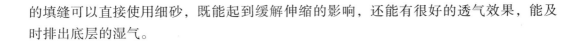

的填缝可以直接使用细砂，既能起到缓解伸缩的影响，还能有很好的透气效果，能及时排出底层的湿气。

5.7　工程监理要点

广场路面用石材的工程现场监理应注意以下要点：

（1）材料应符合标准要求。

（2）打底层、找平层、粘结层应符合施工要求。

（3）石材间应预留足够的拼接缝。

（4）填缝材料应符合要求。

5.8　工程检验与验收要点

参照天然石材的建筑板材部分，按照相关规范和设计要求进行。

第三部分
合成石材

第6章 人造石

6.1 材料和产品分类

6.1.1 材料

以高分子聚合物或水泥或两者混合物为黏合材料，以天然石材碎（粉）料和/或天然石英石（砂、粉）或氢氧化铝粉等为主要原材料，加入颜料及其他辅助剂，经搅拌混合、凝结固化等工序复合而成的材料，统称为人造石。目前，人造石产品主要包括人造石实体面材、人造石石英石和人造石岗石等产品，岗石和石英石产品又称为树脂型合成石。

人造石实体面材：以甲基丙烯酸甲酯（MMA；俗称压克力）或不饱和聚酯树脂（UPR）为基体，主要由氢氧化铝为填料，加入颜料及其他辅助剂，经浇注成型或真空模塑或模压成型的人造石，学名为矿物填充型高分子复合材料，简称实体面材。该复合材料无孔均质；贯穿整个厚度的组成具有均一性；它们可以制成难以察觉的接缝的连续表面，并可通过维护和翻新使产品表面恢复如初。

人造石石英石：以天然石英石（砂、粉）、硅砂、尾矿渣等无机材料（其主要成分为二氧化硅）为主要原材料，以高分子聚合物或水泥或两者混合物为黏合材料制成的人造石，简称石英石或人造石英石，俗称石英微晶合成装饰板或人造硅晶石。

人造石岗石：以大理石、石灰石等的碎料、粉料为主要原材料，以高分子聚合物或水泥或两者混合物为黏合材料制成的人造石，简称岗石或人造大理石。

6.1.2 产品分类

产品按主要原材料分为实体面材类、石英石类、岗石类。

实体面材类产品按基体树脂分为两种类型：丙烯酸类和不饱和树脂类。

岗石、石英石板材按用途分为地面装饰板材（D）、墙面装饰板材（Q）、台面装饰板材（T）；按板材形状分为普型板（PX）、异型板（YX）；按板材表面加工程度分为光面板（GM）、粗面板（CM）。

岗石、石英石板材按骨料类型和尺寸分为：

① 树脂型岗石板材：

大骨料岗石板材（DG）：最大骨料尺寸大于18mm的岗石板材。

粗骨料岗石板材（CG）：最大骨料尺寸大于6mm不大于18mm的岗石板材。

细骨料岗石板材（XG）：最大骨料尺寸不大于6mm的岗石板材。

② 树脂型石英石板材：

粗骨料石英石板材（CS）：最大骨料尺寸大于1mm的石英石板材。

细骨料石英石板材（XS）：最大骨料尺寸不大于1mm的石英石板材。

6.2　特性和适用范围

岗石产品可模仿天然石材的颜色特征，避免了天然石材的色差和内部缺陷，可广泛地应用在室内墙、地面的装饰。石英石具有很好的耐磨性，可调配出各种通体颜色，只是同一板内缺少花纹和颜色的变化，目前多用于台面等地方。实体面材主要作为厨房和灶台的台面材料。

目前，人造石产品的黏合材料主要为不饱和树脂胶，导致了产品对水、碱性物质、紫外线等敏感，容易造成产品出现开裂、变形、变色等问题，因此人造石产品的使用环境应尽量避免接触此类物质。

6.3　选用原则

人造石是一种符合节能、节材和资源综合利用政策的具有广泛发展前景的新产品，保持了天然石材的品质，具有节省资源、造型美观、随意性强、无色差、强度高、质量轻、耐污染等优点，经过多年的发展和工艺的改进，已形成了多品种、多色彩，能模拟天然色彩的石材替代产品，适用于各种室内装饰。选用最基本的一条原则是施工和应用环境中不宜与水、碱性物质、紫外线等接触，若环境中不宜使用树脂型人造石产品，可选择一些新型无机型人造石产品。

6.4　主要技术要求

6.4.1　执行标准

《人造石》（JC/T 908—2013）

《异型人造石制品》（JC/T 2325—2015）

《人造石加工、装饰与施工质量验收规范》（JC/T 2300—2014）

《树脂型合成石板材》（GB/T 35157—2017）

《天然石材装饰工程技术规程》（JCG/T 60001—2007）

《建筑装饰工程石材应用技术规程》（DB 11/512—2017）

6.4.2 技术要点

1. 实体面材

1）尺寸偏差

① 长度、宽度偏差的允许值为规定尺寸的 0% ~ 0.3%。厚度偏差的允许值为：厚度 12mm 的产品，偏差值不大于 ±0.3mm；厚度 6mm 的产品：偏差值不大于 ±0.2mm；其他产品的厚度偏差的允许值应不大于规定厚度的 ±3%。

② 同一块板材对角线最大差值不大于 5mm。

③ Ⅰ、Ⅲ型平整度不大于 0.5mm，Ⅱ型平整度不大于 0.3mm，其他厚度产品的平整度公差的允许值应不大于规定厚度的 5%。

④ 板材边缘不直度不大于 1.5mm/m。

2）外观质量

板材的外观质量应符合表 6.1 中的规定。

表 6.1 板材的外观质量

项　目	要　求
色泽	色泽均匀一致，不得有明显色差
板边	板材四边平整，表面不得有缺棱、掉角现象
花纹图案a	图案清晰、花纹明显；对花纹图案有特殊要求的，由供需双方商定
表面	光滑平整，无波纹、方料痕、刮痕、裂纹，不允许有气泡及大于 0.5mm 的杂质
拼接b	拼接不得有可察觉的接驳痕

a　仅适用于有花纹图案的产品。
b　仅适用于有拼接的产品。

3）巴氏硬度

实体面材 PMMA 类：A 级巴氏硬度不小于 65HBa、B 级巴氏硬度不小于 60HBa；实体面材 UPR 类：A 级巴氏硬度不小于 60HBa、B 级巴氏硬度不小于 55HBa。

4）荷载变形和冲击韧性

Ⅰ、Ⅲ型实体面材最大残余挠度值不应超过 0.25mm，试验后表面不得有破裂；Ⅱ型板和Ⅳ型板的厚度小于 12mm 时不要求此性能。实体面材冲击韧性不小于 $4kJ/m^2$。

5）落球冲击

450g 钢球，A 级品的冲击高度不低于 2000mm，B 级品的冲击高度不低于 1200mm，样品冲击后不破损。

6）弯曲性能

弯曲强度不小于 40MPa，弯曲弹性模量不小于 6.5GPa。

7）耐磨性

耐磨性不大于 0.6g。

8）线性热膨胀系数

线性热膨胀系数不大于 $5.0 \times 10^{-5}℃^{-1}$。

9）色牢度与老化性能

试样与控制样品比较，不得呈现任何破裂、裂缝、气泡或表面质感变化。试样与控制样品间的色差不应超过2CIE单位。

10）耐污染性

试样耐污值总和不大于64，最大污迹深度不大于0.12mm。

11）耐燃烧性能

实体面材在与香烟接触过程中，或在此之后，不得有明火燃烧或阴燃。任何形式的损坏不得影响产品的使用性，并可通过研磨剂和抛光剂大致恢复至原状。实体面材的阻燃性能以氧指数评定，要求不小于40。

12）耐化学药品性

试样表面应无明显损伤，轻度损伤用600目砂纸轻擦即可除去，损伤程度应不影响板材的使用性，并易恢复至原状。

13）耐热性

试样表面应无破裂、裂缝或起泡。任何变色采用研磨剂或抛光剂可除去并接近板材原状，不影响板材的使用。仲裁时，修复后样品与试验前样品的色差不得大于2CIE单位。

14）耐高温性能

试样表面应无破裂、裂缝或鼓泡等。表面缺陷易打磨恢复至原状，不影响板材的使用。仲裁时，修复后样品与试验前样品的色差不得大于2CIE单位。

2. 石英石

1）尺寸偏差

① 规格尺寸偏差应符合表6.2中的规定。

② 角度公差应符合表6.3中的规定。

③ 平整度应符合表6.4中的规定。

④ 边长为1.2m以内的规格产品，板材边缘不直度不大于1.5mm/m；边长大于等于1.2m的产品，板材边缘不直度由供需双方商定。

表6.2 石英石板材规格尺寸允许偏差

项　　目	A 级	B 级
边长（mm）	0 −1.0	0 −1.5
厚度（mm）	+1.5 −1.5	+1.8 −1.8

表6.3 石英石板材角度公差

板材长度（L）（mm）	技术指标（mm/m）	
	A 级	B 级
$L \leqslant 400$	$\leqslant 0.30$	$\leqslant 0.60$
$400 < L \leqslant 800$	$\leqslant 0.40$	$\leqslant 0.80$
$L > 800$	$\leqslant 0.50$	$\leqslant 0.90$

表 6.4　石英石板材平整度

板材长度（L）（mm）	技术指标（mm/m）	
	A 级	B 级
L≤400	≤0.20	≤0.40
400＜L≤800	≤0.50	≤0.70
800＜L≤1200	≤0.70	≤0.90
L＞1200	由供需双方商定	

2）外观质量

同一批产品的色调应基本调和，花纹应基本一致，不得有明显色差。板材正面的外观缺陷应符合表 6.5 中的规定。

表 6.5　石英石板材正面的外观缺陷

名　称	规定内容	技术要求	
		A 级	B 级
缺棱	长度不超过 10mm，宽度不超过 1.2mm（长度小于 5mm，宽度小于 1mm 不计），周边每米长允许个数（个）	0	≤2（总数或分数）
缺角	面积不超过 5mm×2mm（面积小于 2mm×2mm 不计），每块板允许个数（个）		
气孔	直径不大于 1.5mm（小于 0.3mm 的不计），板材正面每平方米允许个数（个）		
裂纹	板材正面不允许出现，但不包括填料中石粒（块）自身带来的裂纹和仿天然石裂纹；底面裂纹不能影响板材力学性能		

注：板材允许修补，修补后不得影响板材的装饰质量和物理性能。

3）莫氏硬度

莫氏硬度不小于 5。

4）吸水率

吸水率应小于 0.2%。

5）落球冲击

石英石用于台面时，450g 钢球，A 级品的冲击高度不低于 1200mm，B 级品的冲击高度不低于 800mm，样品冲击后不破损。

石英石用于墙、地面时，225g 钢球，1200mm 高度自由落下，样品冲击后不破损。

6）弯曲性能

弯曲强度大于 35MPa。

7）压缩强度

压缩强度不小于 150MPa。

8）耐磨性

耐磨性不大于 300mm^3。

9）线性热膨胀系数

线性热膨胀系数不大于 $3.5 \times 10^{-5} \text{℃}^{-1}$。

10）光泽度

石英石镜面板材镜向光泽度：高光板大于 70。其他光泽度要求由供需双方商定。

11）放射性防护分类控制

放射性应符合《建筑材料放射性核素限量》（GB 6566—2010）中 A 类的规定。

12）耐污染性

当用作台面材料时，石英石耐污值总和不大于 64，最大污迹深度不大于 0.12mm；用于非台面材料的石英石，其耐污染性由供需双方商定。

13）耐化学药品性

当用作台面材料时，石英石表面应无明显损伤，轻度损伤用 600 目砂纸轻擦即可除去，损伤程度应不影响板材的使用性，并易恢复至原状。用于非台面材料的石英石，其耐化学药品性由供需双方商定。

14）耐热性

当用作台面材料时，石英石表面应无破裂、裂缝或起泡。任何变色采用研磨剂或抛光剂可除去并接近板材原状，并不影响板材的使用。仲裁时，修复后样品与试验前样品的色差不得大于 2CIE 单位。用于非台面材料的石英石，其耐热性由供需双方商定。

15）耐高温性能

当用作台面材料时，石英石表面应无破裂、裂缝或鼓泡等显著影响。表面缺陷易打磨恢复至原状，并不影响板材的使用。仲裁时，修复后样品与试验前样品的色差不得大于 2CIE 单位。用于非台面材料的石英石，其耐高温性能由供需双方商定。

3. 岗石

1）尺寸偏差

① 规格尺寸偏差应符合表 6.6 中的规定。

② 角度公差应符合表 6.7 中的规定。

③ 平整度应符合表 6.8 中的规定。

④ 边长为 1.2m 以内的规格产品，边缘不直度不大于 1.5mm/m；边长不小于 1.2m 的产品，边缘不直度由供需双方商定。

表 6.6　岗石板材规格尺寸允许偏差

项　目	A 级	B 级
边长（mm）	0 −1.0	0 −1.5
厚度（mm）	+1.5 −1.5	+1.8 −1.8

表 6.7　岗石板材角度公差

板材长度（L）（mm）	技术指标（mm/m）	
	A 级	B 级
L≤400	≤0.30	≤0.60
400＜L≤800	≤0.40	≤0.80
L＞800	≤0.50	≤0.90

表 6.8　岗石板材平整度

板材长度（L）（mm）	技术指标（mm/m）	
	A 级	B 级
L≤400	≤0.20	≤0.40
400＜L≤800	≤0.50	≤0.70
800＜L≤1200	≤0.70	≤0.90
L＞1200	由供需双方商定	

2）外观质量

同一批产品的色调应基本调和，花纹应基本一致，不得有明显色差。板材正面的外观缺陷应符合表 6.9 中的规定。

表 6.9　岗石板材正面的外观缺陷

名称	规定内容	技术要求	
		A 级	B 级
缺棱	长度不超过 10mm，宽度不超过 2mm（长度不大于 5mm，宽度不大于 1mm 不计），周边每米长允许个数（个）	0（允许修补）	≤1
缺角	面积不超过 5mm×2mm（面积小于 2mm×2mm 不计），每块板允许个数（个）		≤2
气孔	最大直径不大于 1.5mm（小于 0.3mm 的不计），板材正面每平方米允许个数（个）		≤1
裂纹	不允许出现，但不包括填料中石粒（块）自身带来的裂纹和仿天然石裂纹		

注：大骨料产品外观缺陷由供需双方确定。

3）莫氏硬度

莫氏硬度不小于 3。

4）吸水率

吸水率应小于 0.35%。

5）落球冲击

225g 钢球，800mm 高度自由落下，岗石样品不破损。

6）弯曲性能

弯曲强度不小于 15MPa。

7）压缩强度

压缩强度大于80MPa。

8）耐磨性

耐磨性不大于500mm³。

9）线性热膨胀系数

线性热膨胀系数不大于$4.0 \times 10^{-5}℃^{-1}$。

10）光泽度

岗石镜面板材镜向光泽度：高光板>70，40<光板≤70和20<低光板≤40。其他光泽度要求由供需双方商定。

11）放射性防护分类控制

放射性应符合《建筑材料放射性核素限量》（GB 6566—2010）中A类的规定。

4. 树脂型合成石板材产品

1）加工质量

① 板材的规格尺寸允许偏差应符合表6.10中的规定。

② 板材的平面度公差应符合表6.11中的规定，纹理面最大厚度与最小厚度之差大于1mm的粗面板材除外。

③ 板材的角度公差应符合表6.12中的规定。

表6.10　树脂型合成石板材的规格尺寸允许偏差　　　　单位：mm

项　目		技术指标	
		光面板材	粗面板材
长度、宽度	≤1000	0 -1.0	
	>1000	供需双方协商确定	
厚度ᵃ	石英石	±1.0	±1.5
	岗石	±1.5	±2.0

注：a　厚度允许偏差不适用于纹理面最大厚度与最小厚度之差大于1mm的粗面板材。

表6.11　树脂型合成石板材的平面度公差　　　　单位：mm

板材长度（L）	技术指标	
	光面板材	粗面板材
L≤600	≤0.50	≤0.80
600<L≤1000	≤0.80	≤1.20
L>1000	供需双方协商确定	

表6.12　树脂型合成石板材的角度公差　　　　单位：mm

板材长度（L）	技术指标	
	光面板材	粗面板材
L≤600	≤0.40	≤0.50
L>600	≤0.60	≤0.80

2）外观质量

① 板材正面的外观缺陷应符合表 6.13 中的规定。

② 板材不允许断裂后再粘结，但可对表面缺陷进行修补，修补后不得影响板材的物理性能和装饰质量。

表 6.13 树脂型合成石板材正面的外观缺陷

名称	规定内容	技术指标
气孔	直径大于 1.5mm，不允许有；直径不大于 1.5mm（小于 0.2mm 不计），板材正面每平方米允许个数（个）	2
斑印	面积大于 4cm²，不允许有；面积不大于 4cm²（小于 1cm² 不计），板材正面每平方米允许个数（个）	1
缺棱	板材正面不允许出现	
缺角	板材正面不允许出现	
裂纹	板材正面不允许出现，但不包括骨料中石粒（块）自身带来的裂纹和仿天然石裂纹；底面裂纹不能影响板材力学性能	
色差	同一批号同一颜色板材的颜色基本一致，有特殊设计要求除外	
杂质	板材正面不允许有	

3）性能

板材的性能应符合表 6.14 中的规定，大骨料岗石板材要求由供需双方协商确定。

表 6.14 树脂型合成石板材的性能

项 目		技术指标			
		岗石		石英石	
		粗骨料	细骨料	粗骨料	细骨料
物理性能	吸水率（%）≤	0.20	0.15	0.15	0.10
	体积密度（g/cm³）	生产制造商声明			
	压缩强度（MPa）≥	90		150	
	弯曲强度（MPa）≥	12	16	30	35
	耐磨度（mm）≤	39		32	
	肖氏硬度≥	40		60	
	落球冲击能（J）≥	2.9		3.9	
	线性热膨胀系数（℃⁻¹）≤	D 类：23×10^{-6}； Q、T 类：40×10^{-6}		D 类：30×10^{-6}； Q、T 类：40×10^{-6}	
	尺寸稳定性（级）	A			
防滑性能		生产制造商声明			
重金属含量限量（mg/kg）≤		可溶性铅 90、可溶性镉 75、可溶性铬 60、可溶性汞 60			
放射性核素限量		A 类			
耐污染性能	最大耐污值≤	—		4	

续表

项目			技术指标			
			岗石		石英石	
			粗骨料	细骨料	粗骨料	细骨料
耐化学腐蚀性能		耐酸性	生产制造商声明			
		耐碱性				
耐久性能	耐人工气候性能	外观	表面无明显鼓泡、粉化、白化、质感改变等变化			
		色差（CIE 单位）≤	2.0			
		弯曲强度变化率（%）≤	15.0		10.0	
	耐高温性能	外观	表面无明显鼓泡、开裂等破坏以及变色			
	抗热震性能	外观	表面无明显颜色、斑点、裂纹、剥落、膨胀等变化			
		弯曲强度变化率（%）≤	10.0		5.0	
	抗冻性能	外观	表面无明显裂纹、剥落、膨胀以及变色等变化			
		弯曲强度变化率（%）≤	10.0		5.0	

6.5　工程设计要点

　　人造石是一种新型的节能、节材、废物利用产品，应用时间较短，还在不断地摸索和提高工艺与技术，不同企业间的工艺和质量差异很大，使用不同品牌和不同配方的胶粘剂也会有不同的产品性能，不同的产品和使用环境条件也会对应不同的问题。因此，在选择人造石时，一定要结合工程实际情况，合理选用，严格把关，方可避免许多问题。

　　根据产品的使用环境、使用部位和建筑装饰设计确定产品的材质、艺术风格、颜色、质感、风格、花纹、形状、艺术装饰效果、是否采用规格产品以及是否考虑重复性等。根据产品品种确定采用砌筑、挂装、湿贴还是干贴的施工方式，并确定接缝的处理方式和效果。

6.6　工程施工工艺及注意事项

　　① 采用干挂法施工时，可以参考天然石材干挂施工工艺。

　　② 人造石湿贴施工时，避免使用普通水泥砂浆粘结，应使用专用的胶粘剂，如水泥基胶粘剂、反应型树脂胶粘剂。各人造石生产企业一般为其产品配备专用的胶粘剂，应优先选用。

　　③ 人造石在室外应用时，应有相应的保护措施。

　　④ 由于人造石热膨胀系数大，比天然石材大一个数量级，因此施工时要留出足够的伸缩缝，并填充弹性填缝剂。尽可能地选用人造石生产企业配套或指定的填缝剂。

　　⑤ 岗石地面为了提高石材的耐磨性能，可以参考天然大理石的方法进行结晶硬化处理。

6.7 工程监理要点

人造石产品的现场监理除了按正常的程序进行外，特别应注意避免使用普通水泥砂浆进行施工，必须留出规定的伸缩缝。

6.8 工程检验与验收要点

参照天然石材的工程检验和验收内容。

第7章 文化石

7.1 材料和产品分类

7.1.1 材料

文化石类产品主要以无机胶粘剂作为粘结材料的人造石，目前主要的产品有建筑装饰用的仿自然面艺术石、艺术浇注石。

建筑装饰用的仿自然面艺术石：以硅酸盐水泥、轻质骨料为主要原料，经浇筑成型的饰面装饰材料，可模仿大自然中各种图案和形状的装饰面，俗称文化石。

艺术浇注石：以水泥、石膏、树脂等无机和/或有机胶黏材料为成型材料，可添加适当骨料、增强材料、色料等，经浇注成型，具有艺术装饰效果的产品。

7.1.2 产品分类

建筑装饰用的仿自然面艺术石按照粘贴面分为：矩形的艺术石（代号为 Z）、其他形状艺术石（代号为 S）。

艺术浇注石按产品的主要成型材料的材质分为：水泥基产品（代号为 ACSC）、石膏基产品（代号为 ACSG）、树脂基产品（代号为 ACSR）；按产品的外形分为：规格产品（代号为 C）、非规格产品（代号为 U）；按产品的使用环境分为：室外用产品（代号为 A）、室内用产品（代号为 B）；按产品使用部位分为：墙面、庭院和园林用产品（代号为 W）、地面用产品（代号为 G）。

7.2 特性和适用范围

该类人造石材产品主要以艺术形状为特征，可模仿自然界中任何装饰效果，形成各种复杂的、艺术的或仿古的装饰面，以达到特定的装饰风格。同时，该产品的胶粘剂主要为无机材料，耐老化性能强、质量轻，可广泛应用在室内外的墙地面装饰。

7.3 选用原则

低层建筑的艺术装饰风格，按设计要求选择相应的造型和产品。

7.4　主要技术要求

7.4.1　执行标准

《建筑装饰用仿自然面艺术石》（JC/T 2087—2012）

《艺术浇注石》（JC/T 2185—2013）

《天然石材装饰工程技术规程》（JCG/T 60001—2007）

《建筑装饰工程石材应用技术规程》（DB 11/512—2017）

7.4.2　技术要点

1. 建筑装饰用的仿自然面艺术石

1）外观质量

装饰面的外观质量要求应符合表 7.1 中的规定。有特殊要求，由供需双方协商确定。

表 7.1　装饰面的外观质量要求

缺陷名称	规定内容	技术要求
气孔	直径不超过 2mm，每平方厘米允许个数（个）	2
缺损	长度不超过 15mm，宽度不超过 15mm 或面积不超过 180mm²（长度小于 5mm，宽度小于 5mm 不计）单块饰面上允许个数	2
裂纹	每块板允许条数（条）	0

2）尺寸偏差

Z 类艺术石的规格尺寸允许偏差应符合表 7.2 中的规定，拐角的角度偏差为 ±5°。有特殊要求的，由供需双方协商确定。

表 7.2　Z 类艺术石的规格尺寸允许偏差　　　　　　单位：mm

项目	技术指标		
	≤300	300～600	>600
长度（mm）	±5.0	±10.0	由供需双方协商确定
宽度（mm）	±4.0	±7.0	

3）性能

各项性能技术指标要求应符合表 7.3 中的规定。

表 7.3　仿自然面艺术石的各项性能技术指标

项　目		技术指标
体积密度（g/cm³）	≤	1.70
吸水率（%）	≤	7

续表

项　目		技术指标
压缩强度（MPa）	≥	15.0
弯曲强度（MPa）	≥	4.0
抗冻性（%）	≥	80
热稳定性		外观质量、颜色无变化
耐人工气候老化性		外观质量、颜色无变化

2. 艺术浇注石

艺术浇注石的主要技术性能参数见表7.4。

表7.4　艺术浇注石的主要技术性能参数

项目		技术要求		
		ACSC 类	ACSG 类	ACSR 类
体积密度（g/cm³）		符合标称值	符合标称值	符合标称值
吸水率（%）		≤16	≤10	≤2
抗冲击性		无破裂	无破裂	无破裂
耐碱性		外观无明显变化	外观无明显变化	外观无明显变化
耐污染性（级）		≥4	≥4	≥4
抗冻性[a]		无破坏	—	无破坏
耐人工气候老化性[a]		无破坏，粉化≤1 级，变色≤1 级	—	无破坏，粉化≤1 级，变色≤1 级
耐干湿循环性能		无破坏、无明显变色	—	无破坏、无明显变色
泛霜（级）		≥2	—	—
干燥收缩率（%）		≤0.090	—	≤0.010
热稳定性		—	—	无明显变化
抗折强度[b]（MPa）	标准状态	平均值≥3.5，最小值≥3.0	—	—
	抗冻性试验后[a]	平均值≥2.8	—	—
抗压强度[b]（MPa）	标准状态	平均值≥30.0，最小值≥25.0	—	—
	抗冻性试验后[a]	平均值≥24.0	—	—
耐磨性[b]（mm）		≤35	—	—
重复性		符合供需双方的商定		

　　a　室内用产品不要求。
　　b　非人行地面用产品不要求。

7.5　工程设计要点

艺术浇注石设计时，除应满足相关的规范要求外，还应注意以下要点：

（1）按照设计风格选择相应的产品类型和型号。

（2）墙面施工可以选择湿贴法或干挂法，地面施工应使用湿贴工艺。

（3）室外用产品应选择水泥基类型，墙面较高时应选择轻质骨料填充类型。

（4）禁止将石膏基产品和树脂基产品用于易浸水部位及用于室外。

7.6　工程施工工艺及注意事项

（1）按照艺术浇注石的设计选用要点检查产品的选择是否正确。

（2）禁止将室内产品用于室外。

（3）禁止将墙面产品用于地面。

（4）施工前应进行预铺放或者按设计位置进行铺贴。

（5）选择适当的胶粘剂或采用艺术浇注石专用胶粘剂。树脂基产品不应采用水泥基胶粘剂；水泥基胶粘剂应采用低碱水泥。

（6）采用湿贴法应按产品使用说明进行产品和施工面的湿润处理。

（7）采用干挂方式的应符合相应的挂装强度设计要求。

（8）室外产品施工完毕、养护到规定的时间后应施加适当的表面防护剂。

（9）地面产品可进行表面晶硬处理。

7.7　工程监理要点

工程监理除了按照正常程序进行外，还应注意以下要点：

（1）检查产品应有出厂检验合格证明和使用说明，应有全项性能检验报告。

（2）应提供质保说明。

（3）经至少包括抗冲击性和抗冻性见证检验合格后才能使用。

7.8　工程检验与验收要点

参照天然石材的工程内容。

第四部分
石材辅助材料

第8章 石材护理剂

8.1 材料和产品的分类

8.1.1 材料

石材护理主要指石材防护、石材清洗和石材结晶处理等过程。石材防护是使用专用石材防护剂涂刷在石材表面，形成防护层防止水、油污等各类污染物的渗入，预防天然石材产生白华、水斑、锈斑等病变现象，能够有效地降低石材的吸水率，提高石材的耐污性和耐蚀性。石材清洗是指去除石材表面和/或内部的污染物的过程，分为物理清洗和化学清洗两种。石材结晶处理是指在石材表面进行的结晶硬化工艺处理的过程，以提高石材的光泽度、耐磨性和改善石材的防滑性能。

8.1.2 产品分类

石材护理剂目前的产品主要有石材防护剂、石材清洗剂和石材结晶材料三大类。

石材防护剂按照溶剂类型分为水剂型（SJ）和溶剂型（RJ）；按照功能分为防水型（FS）和防油型（FY）；按使用部位分为饰面型（SM）和底面型（DM）；按保护层型式分为渗透型防护剂和密封型防护剂。饰面型防护剂按防水性能、耐污性能等分为 A、B 两个等级。

石材清洗剂和石材结晶材料目前没有出台产品方面的国家标准或行业标准，因此没有形成通用的产品分类，市场上是以生产和施工企业的具体产品型号及功能为主。在北京市地标和石材协会的团体标准中有该类产品的具体施工工艺规范，材料的好坏最终是以施工后的结果作为评判的，材料的检测和控制项目仅是有毒有害物质含量能达到相关标准的要求。因此本章以防护剂产品作为重点介绍产品。

8.2 特性和适用范围

防护剂的主要成分和特性如下：

（1）有机硅：透气、耐老化、耐高温和低温、化学稳定性好，耐酸性尚可，但不耐碱。

（2）有机氟：耐碱、耐磨，化学稳定性好、耐污性好、耐候性好，价格高。

（3）氟硅：将有机硅和有机氟改性共聚，兼容两者的优点（耐污性能稍逊于有机氟类），价格较高。

（4）甲基硅酸盐：属硅酸盐类单分子化合物，透气、环保、价廉，多属于强碱性防护剂，pH 值多大于 10，用于石材表面因具强碱性会破坏石材的内部结构，加速石材的粉化和风化，起不到防护作用，反而可能会生成白斑或绿斑。不宜作为石材防护剂，应谨慎选用。

水剂型和溶剂型防护剂的产品和主要特性：

1）水剂型

① 目前主要有三大类产品，即有机硅类、丙烯酸氟化物类和氟硅类。

② 环保性能较好，但渗透性较差，不耐强碱，使用寿命不如溶剂型防护剂。

2）溶剂型

① 目前主要有三大类产品，即有机硅类、纯氟类和氟硅类。一般情况下，耐污性纯氟类较氟硅类略胜一筹，而耐候性则氟硅类稍优于纯氟类。

② 渗透性强，一般情况下，耐紫外线老化性均优于水剂型防护剂，使用寿命长，但应考虑其环保性能是否满足使用要求。

渗透型和密封型防护剂的主要特性：

1）渗透型

能渗入石材微小的缝隙中，沉积于石材毛细孔内部的微小颗粒间，或附着于石材表面下的个体矿物分子上，在基材内部形成一个防护层，表面不成膜。通过改变天然石材表面的张力，不但可防止水、油和污染物进入石材，而且可防止因吸附基层内部及缝隙中的水分而产生的色渍、锈斑和白华现象。由于未封闭石材孔隙，从而保持了石材的透气性。由于表面不成膜，涂抹后基本不改变石材外观（颜色、光泽）及质感，广泛用于天然石材和混凝土等材料，保持基材的原貌。

2）密封型

在石材表面形成一层易磨损的防护层将石材微孔密封，防止水、油和污染物从石材毛细渗入。密封成膜型防护剂一般价格均较便宜，但易发黏、老化、变黄。表面膜层虽可提高石材表面的光亮度，但易磨损，若用于地面易出现刮痕和脚印，故需经常保养。部分密封型防护剂会堵塞石材表面毛细孔，透气性差，石材内部湿气不能释放，会缩短石材的寿命。不宜用作地面石材表面密封，一般只用于表面或底面的单面密封，不用作六面密封。

8.3　选用原则

石材防护剂的选择主要以有效提高石材防水、防油污的能力，要结合实际使用的石材品种和使用部位而定，并且不应影响胶粘剂和密封胶的粘结性能，提高耐酸碱性、耐紫外线老化性，降低有害物质含量为原则。

石材清洗剂选用主要以实际的污染物种类和不污染、不损害石材为原则。

石材晶硬材料的选择主要以有效提高石材的光泽度、耐磨性，改善石材的防滑性能，并能保持石材一定的使用寿命为原则。

8.4　主要技术要求

8.4.1　执行标准

《天然石材防护剂》（GB/T 32837—2016）

《天然石材装饰工程技术规程》（JCG/T 60001—2007）

《建筑装饰工程石材应用技术规程》（DB11/512—2017）

8.4.2　技术要点

饰面型石材防护剂应满足以下要求：

（1）饰面型防护剂保持石材颜色基本不变，有特殊颜色要求可另议。

（2）防水性、耐污性应符合表 8.1 中的规定。

（3）pH 值范围应在 5～11 之间。

（4）稳定性应无分层、漂油和沉淀。

（5）耐酸性、耐碱性应 > 55%，其中耐酸性仅适用于花岗石等硅酸盐结构的石材种类。

（6）耐紫外线老化性应≥55%（本指标衡量饰面型防护剂防水性能的好坏）。

表 8.1　饰面型石材防护剂防水性、耐污性要求

项　目		A	B
防水性（%）　　　　≥		80	55
耐污性[1]	食用植物油[2]	0	1
	蓝黑墨水		

注　1. 客户对污染源有特殊要求时，可按实际情况提出要求。

　　2. 适用于防油型防护剂。

《天然石材防护剂》（GB/T 32837—2016）中新出现了一个毛细吸水系数下降率的项目，是考核防护剂阻止石材吸水速率的一个量，因相关试验方法国家标准未出台，该项目虽然保留在了技术要求中，但仅作为一个可选项目进行检验，供评价时参考。

底面型石材防护剂应满足以下要求：

① 抗渗性试验应无水斑出现。

② 水泥粘结强度下降率不大于 5.0%。

水剂型防护剂中挥发性有机化合物（VOC）不大于 120g/L；溶剂型防护剂中苯含量不大于 0.3%；甲苯和二甲苯、乙苯总和含量不大于 5%。

8.5 工程设计要点

不论是水剂型防护剂还是溶剂型防护剂，由于其主体结构或有效成分含量不同，形成的系列化产品的功效也不同，有各自的适用范围。应根据防护剂性价比、功效比结合的原则，审慎选用防护剂的品种类型。

（1）应分清是饰面型还是底面型，不能错用部位。

（2）根据石材铺装的位置和可能出现的污染选择防护剂：

① 湿铺石材：应选择防水性、耐酸性、耐碱性及渗透性好的防护剂。

② 外墙干挂石材：应选择防水性、耐紫外线老化性好的防护剂。

③ 厨房地面：应选择防水性、耐污性好的防油型防护剂。

④ 居室客厅、酒店大堂地面：应选用渗透型（切忌选用密封型）防水性、耐污性好、有害物质少的防护剂。

（3）根据石材的品种（花岗石、大理石、石灰石、砂岩、板石等）、化学成分（石材本身的含铁量、含硫量、含锰量和其他杂质的多少）、外表面（抛光面、粗磨面、火烧面、凿毛面、刨切面）、石材的吸水率大小、石材颜色的深浅，选择相宜的防护剂。

（4）由于天然石材的差异性很大，必须对选用的防护剂用小样测试，做效果验证，以确认防护效果和颜色变化是否可以接受，以及在某些致密的抛光板表面是否成膜，待了解清楚后再决定是否采用。

（5）应根据天然石材吸水率的大小确定防护剂的用量，使石材表面的防护剂饱和并渗入到材料内部。若用量不足或材料表面不干燥，形成渗透不足，会引发石材病症，达不到防护效果。

（6）选择石材清洗剂应综合考虑所应用的石材情况，如大理石、石灰石类石材，不可使用酸性的清洗剂处理。

8.6 工程施工工艺及注意事项

（1）工作现场的石材防护剂产品应有出厂合格证和使用说明书，必须进行现场抽样或见证取样并在其所使用的石材品种上进行各项性能复检，满足要求后方可进行施工。

（2）石材产品在全部生产加工程序完成后应进行全面清洁，烘干或晾晒至干燥后方可进行防护作业。

（3）作业方法应按照防护产品使用说明要求进行，可采用自动设备或手工方法进行防护。

（4）干挂石材应采用饰面型防护剂，粘结施工石材除在装饰面和四个侧面涂刷饰面型防护剂外，还需在石材的背面涂刷专用的底面型防护剂。

（5）石材涂刷完防护剂后应在阴凉、干燥、通风的地方养护48h（如果在养护完毕后发现石材表面有残留物，应及时清除），养护期间不得接触污染性物质，如水、油污等。

（6）工程施工现场如能满足规定的条件，防护作业也可以在工程施工现场完成，应按照上述程序进行。

（7）工程施工现场对石材进行局部加工修整后，应按要求在加工处补刷相应的防护剂，作业前保持石材板材的清洁，作业后保证养护期及条件，并且不受到污染。

（8）石材清洗不应对石材造成损坏。

（9）石材晶硬处理应能明显提高石材表面的光泽度、耐磨性、防滑性以及使用寿命。

8.7 工程监理要点

（1）确保所用的材料符合要求。

（2）确保现场操作程序按规定进行。

8.8 工程检验与验收要点

查验有关材料，现场可以采用泼水法初步验证防护情况。

第9章 石材胶粘剂

9.1 材料和产品分类

9.1.1 材料

石材生产和施工过程中使用的现有的各类胶粘剂产品种类主要有饰面石材用胶粘剂、干挂石材幕墙用环氧胶粘剂、非结构承载用石材胶粘剂。

9.1.2 产品分类

按用途分为生产用胶粘剂和施工用胶粘剂。其中，生产用胶粘剂分为复合用胶粘剂（V）、增强用胶粘剂（S）、修补用胶粘剂（M）和组合连接用胶粘剂（A）。施工用胶粘剂分为地面粘贴用胶粘剂（F）、墙面粘贴用胶粘剂（W）和干挂用胶粘剂（D）。

按组成分为水泥基胶粘剂（C）和反应型树脂胶粘剂（R）。

9.2 特性和适用范围

水泥基石材胶粘剂耐候性强，比普通水泥砂浆的粘结强度高，养护时间长，适用于室内外墙、地面石材的铺贴施工。环氧树脂胶粘剂粘结强度高，固化时间也相对较长，适用于石材的复合、增强、组合连接、干挂和墙面的石材粘贴等。不饱和树脂胶粘剂固化快，粘结强度较高，适用于石材的快速定位和修补。

9.3 选用原则

按照各种胶粘剂的性能和适用范围选取，严格按照胶粘剂的使用说明执行，严禁跨范围使用胶粘剂。

9.4 主要技术要求

9.4.1 执行标准

《饰面石材用胶粘剂》（GB/T 24264—2009）

《干挂石材幕墙用环氧胶粘剂》（JC/T 887—2001）

《非结构承载用石材胶粘剂》（JC/T 989—2016）

《天然石材用水泥基胶粘剂》（JG/T 355—2012）

9.4.2 技术要点

饰面石材安装用水泥基胶粘剂的技术指标应符合表 9.1 中的技术要求。

表 9.1　水泥基胶粘剂的技术指标　　　　　　单位：MPa

项　目			普通地面	重负荷地面及墙面
普通型	拉伸粘结强度	≥	0.5	1.0
	浸水后拉伸粘结强度	≥		
	热老化后拉伸粘结强度	≥		
	冻融循环后拉伸粘结强度	≥		
	晾置 20min 后拉伸粘结强度	≥		
快速硬化型	拉伸粘结强度	≥	0.5	1.0
	早期拉伸粘结强度（24h）	≥		0.5
	浸水后拉伸粘结强度	≥		1.0
	热老化后拉伸粘结强度	≥		
	冻融循环后拉伸粘结强度	≥		
	晾置 10min 后拉伸粘结强度	≥		0.5

饰面石材用反应型树脂胶粘剂应满足以下要求：

（1）胶粘剂各组分分别搅拌后应为细腻、均匀黏稠的液体或膏状物，不应有离析、颗粒和凝胶，各组分颜色应有明显差异。

（2）胶粘剂的适用期一般应大于 30min，快固型和特殊要求的可由供需双方商定。

（3）饰面石材用反应型树脂胶粘剂的物理力学性能应符合表 9.2 中的技术要求。

表 9.2　反应型树脂胶粘剂的技术要求

项　目		生产			安装	
		复合	增强	组合连接	地面	墙面
压剪粘结强度（MPa）	≥	5.0	5.0	10.0	2.0	10.0
浸水后压剪粘结强度（MPa）	≥			8.0		8.0
热老化后压剪粘结强度（MPa）	≥			8.0		8.0
高低温交变循环后压剪粘结强度(MPa)	≥	—	—	—		—
冻融循环后压剪粘结强度（MPa）	≥	4.0	4.0	8.0	—	8.0
拉剪粘结强度（石材-金属）（MPa）	≥			8.0		8.0
冲击强度（kJ/m²）	≥	—	—	3.0		3.0
弯曲弹性模量（MPa）	≥	—	—	2000		2000

干挂石材幕墙用环氧胶粘剂应符合以下规定：

（1）胶粘剂各组分分别搅拌后应为细腻、均匀黏稠的液体或膏状物，不应有离析、颗粒和凝胶，各组分颜色应有明显差异。

（2）胶粘剂的物理力学性能应符合表9.3中的规定。

表9.3　胶粘剂的物理力学性能

序号	项　目			技术指标	
				快固	普通
1	适用期* （min）			5～30	>30～90
2	弯曲弹性模量（MPa）		≥	2000	
3	冲击强度（kJ/m²）		≥	3.0	
4	拉剪强度（MPa）不锈钢-不锈钢		≥	8.0	
5	压剪强度（MPa）≥	石材-石材	标准条件48h	10.0	
			浸水168h	7.0	
			热处理80℃，168h	7.0	
			冻融循环50次	7.0	
		石材-不锈钢	标准条件48h	10.0	

＊　适用期指标也可由供需双方商定。

非结构承载用石材胶粘剂应符合以下规定：

（1）产品应为色泽均匀、细腻的黏稠膏状体，无明显的粗颗粒，搅拌无困难，各组分的颜色或包装应有明显区别。

（2）产品的物理力学性能应符合表9.4中的要求。

表9.4　非结构承载用石材胶粘剂的物理力学性能要求

项　目			技术指标	
			Ⅰ型	Ⅱ型
适用期ª （min）			3～10	
弯曲弹性模量（MPa）			≥3000	≥2000
对粘弯曲强度（MPa）			≥18.0	16.0
冲击韧性（kJ/m²）			≥3.0	≥2.0
压剪粘结强度（MPa）	石材-石材	标准条件	≥10.0	≥8.0
		高温处理	≥10.0	≥8.0
		热水处理	≥7.0	≥5.0
		碱处理	≥8.0	≥5.0
		冻融循环处理	≥8.0	≥5.0
	石材-不锈钢	标准条件	≥10.0	≥8.0

注：a　可供需双方商定。

9.5　设计选用要点

胶粘剂产品的选用应严格执行产品的使用说明和适用范围，特别应注意以下要点：

（1）石材复合板用胶粘剂应使用专用的胶粘剂产品，应使用改性环氧胶粘剂，不可使用不饱和树脂胶粘剂。

（2）增强用胶粘剂是为达到加固的目的，在石材产品上粘贴金属筋、石条、玻璃纤维网等材料时使用的胶粘剂，应使用无机型胶粘剂或环氧树脂胶粘剂；只有当施工需要铲除玻璃纤维背网的情况下，才可使用不饱和树脂胶粘剂。

（3）多块石材拼接在一起或粘结石材断裂面时使用的胶粘剂，应使用环氧树脂胶粘剂，不饱和树脂胶粘剂只适用于临时定位场合。

（4）水泥基胶粘剂主要用于建筑内外墙、地面粘贴天然石材，具有良好的粘结强度和粘结效果。

（5）反应型树脂胶粘剂主要指环氧树脂型胶粘剂，用于石材板材与干挂件间的粘结和工程中局部粘贴施工法。

（6）干挂石材幕墙用环氧胶粘剂用于石材槽孔与干挂件间的填充和粘结。

（7）非结构承载用石材胶粘剂是以不饱和聚酯树脂和/或环氧树脂等为基体树脂，添加其他改性材料及适当的固化剂，适用于石材的定位、修补等用途的石材粘结，不可使用在结构承载的粘结场合。

9.6　应用注意事项

（1）胶粘时的施工温度不能低于5℃，冬天使用时可适当加热以提高板面的温度，从而使得胶粘性能更好。

（2）若石材表面有化学物质或油污时，应进行清洗处理，并保持其表面的干燥性。

（3）取胶工具切勿混用，不要将混合后的剩余胶水放回原包装内，并且在胶体还没有完全固化时不可移动板材。

（4）冬天如果胶液黏度较大，也可将胶液（A）放置于40～80℃水浴中加热降低黏度，但加热后一定要冷却至40℃以下才能再加入固化剂（B），需要注意的是胶液混合时，一定要严格按照说明书上要求的指定比例来混合均匀。

（5）石材表面涂刮后要挤出多余的胶，未固化前可继续在别的石材上使用。

（6）因石材的物理、化学性质不同，请预先试用，以免差错。切勿将盖子混盖，用后盖严，切勿入口。

（7）调胶时提倡用多少配多少的原则，力争做到现配现用，并须在可使用时间内用完。配料量越多或施工温度越高，可使用时间就会越短。

9.7 工程监理要点

现场监理主要控制两个方面的内容：

（1）每批胶粘剂产品的性能应符合标准的规定，需要及时抽样送检。

（2）现场应按照胶粘剂的适用范围进行施工，需要适时监控。

9.8 工程检验与验收要点

查验有关的检验报告和现场资料。

第 10 章　石材密封胶

10.1　材料和产品分类

10.1.1　材料

石材密封胶用于干挂石材之间起密封和防水作用的弹性胶粘剂。

10.1.2　产品分类

按聚合物种类分为硅酮类（SR）、改性硅酮类（MS）和聚氨酯类（PU）。按组分分为单组分（1）和双组分（2）。按位移能力分为 12.5、20、25 和 50 级别。

在 20、25、50 级别中又按拉伸模量分为低模量（LM）和高模量（HM）两个次级别。

弹性回复率小于 40% 的 12.5 级别密封胶应被视为非弹性密封胶，其余密封胶均应视为弹性密封胶。

10.2　特性和适用范围

石材胶粘剂具有很好的密封防水和弹性变形能力，适合密封和填充干挂石材工程中石材的缝隙。

10.3　选用原则

石材密封胶除了应符合密封胶相关标准要求外，选用的主要一条原则是与石材有很好的相容性，不会对石材造成污染，尤其是渗出的油性物质对石材外观影响很大。

10.4　主要技术要求

10.4.1　执行标准

《石材用建筑密封胶》（GB/T 23261—2009）

10.4.2 技术要点

密封胶主要技术性能参数见表10.1。

表 10.1 密封胶主要技术性能参数

项 目		技术指标						
		50LM	50HM	25LM	25HM	20LM	20HM	12.5E
拉伸模量 (MPa)	23℃	≤0.4 和	>0.4 或	≤0.4 和	>0.4 或	≤0.4 和	>0.4 或	—
	-20℃	≤0.6	>0.6	≤0.6	>0.6	≤0.6	>0.6	—
弹性恢复率（%） ≥		80						40
下垂度 (mm)	垂直 ≤	3						
	水平	无变形						
污染性 (mm)	污染宽度 ≤	2.0						
	污染深度 ≤	2.0						
表干时间（h） ≤		3						
挤出性（mL/min） ≥		80						
定伸粘结性		无破坏						
冷拉热压后粘结性		无破坏						
浸水后定伸粘结性		无破坏						
质量损失（%） ≤		5.0						

10.5 工程设计要点

石材密封胶的选择应注意以下要点：

（1）外观均匀一致，细腻无颗粒，呈膏状物或黏稠体，不应有气泡、结块、结皮或凝胶，无不易分散的析出物。

（2）双组分密封胶各组分的颜色应有明显差异，两个组分混合后的颜色应符合供需双方商定的要求。

（3）根据石材幅面尺寸和膨胀系数以及接缝宽度选择具有合适位移能力等级和模量的密封胶，根据使用的环境温度选择是否采用双组分密封胶。

（4）密封大理石、石灰石、洞石等碱性石材时禁止使用酸性密封胶。

（5）应考虑与石材包括涂防护剂后石材的相容性及对石材的污染性。

（6）有防火要求时应根据防火等级规定选择合适等级的阻燃密封胶。

10.6 工程施工工艺及注意事项

石材密封胶施工应注意以下事项：

（1）按照密封胶的设计选用要点检查密封胶的选择是否正确。

（2）检查产品应有出厂检验合格证明和使用说明书，应有全项性能检验报告。

（3）应提供质保说明。

（4）经至少包括相容性、污染性和质量损失的见证检验合格后才能使用。

（5）使用密封胶前，应用清洗剂对需密封部位进行清洗并晾干，保证需密封部位干净和干燥。

（6）缝隙较深时可衬以泡沫胶条。

（7）需要进行接缝防护的石材应在防护施工结束、防护剂完全干燥后再进行密封胶的施工。

（8）注意应在产品规定的施工温度范围内使用；双组分密封胶应在规定的时间内使用。

（9）能用设备挤出时尽量避免人工挤出。

（10）必要时可采用封边纸等方式保证密封边沿整齐美观。

（11）密封胶固化前应做好防水和防晒。

10.7　工程监理要点

现场监理主要控制两个方面的内容：

（1）每批胶粘剂产品的性能应符合标准中的规定，需要及时抽样送检。

（2）现场应按照选材和设计要求进行施工，需要适时监控。

10.8　工程检验与验收要点

查验有关的检验报告和现场资料。

第11章 石材填缝剂

11.1 材料和产品分类

11.1.1 材料

石材填缝剂是用于湿贴石材之间起填充作用的各种无机或有机材料。

11.1.2 产品分类

按填缝剂种类分为：水泥基填缝剂（CG）和反应型树脂填缝剂（RG）。

水泥基填缝剂还细分为：普通型填缝剂（1）、改进型填缝剂（2），改进型填缝剂指应至少满足一项附加性能的要求，又分为低吸水性填缝剂（W）、高耐磨性填缝剂（A）和柔性填缝剂（S）。

按水泥基填缝剂的附加性能还分为：快硬性填缝剂（F）、低吸水性填缝剂（W）、高耐磨性填缝剂（A）和柔性填缝剂（S）。

反应型树脂填缝剂根据树脂类型分为：溶剂型反应型树脂填缝剂（Ⅰ）和水性反应型树脂填缝剂（Ⅱ）。

填缝剂根据基本性能、附加性能和特殊性能可以组合成不同类型的产品，这些类型用不同的代号来表示。表 11.1 为常用填缝剂的分类和代号。

表 11.1 常用填缝剂的分类和代号

代号			填缝剂的类型
分类	数字	字母	
CG	1		普通型水泥基填缝剂
CG	1	F	快硬性普通型水泥基填缝剂
CG	2	A	高耐磨性改进型水泥基填缝剂
CG	2	W	低吸水性改进型水泥基填缝剂
CG	2	S	柔性改进型水泥基填缝剂
CG	2	WA	低吸水高耐磨性改进型水泥基填缝剂
CG	2	AF	高耐磨快硬性改进型水泥基填缝剂
CG	2	WF	低吸水快硬性改进型水泥基填缝剂

| 代号 | | | 填缝剂的类型 |
分类	数字	字母	
CG	2	WAF	低吸水高耐磨快硬性改进型水泥基填缝剂
CG	2	WAS	低吸水高耐磨柔性改进型水泥基填缝剂
RG	I	—	溶剂型反应型树脂填缝剂
RG	II	—	水性反应型树脂填缝剂

11.2　特性和适用范围

天然石材使用的填缝剂与陶瓷施工使用的填缝剂相同，均采用转化国际标准ISO 13007的内容，因此石材没有单独制定填缝剂的标准，直接执行了陶瓷墙地砖标准内容。水泥基填缝剂适合普通的墙地面铺贴石材的填缝，反应型树脂填缝剂更适合于做结晶硬化处理的大理石、石灰石地面。

11.3　选用原则

根据石材的种类和应用的环境状况选择适当的填缝剂材料。

11.4　主要技术要求

11.4.1　执行标准

《陶瓷砖填缝剂》（JC/T 1004—2017）

11.4.2　技术要点

水泥基填缝剂主要技术性能参数见表11.2和表11.3。反应型树脂填缝剂主要技术性能参数见表11.4。

表 11.2　水泥基填缝剂（CG）的技术要求

分类	性能		指标
CG1 的基本性能	耐磨性（mm³）		≤2000
	抗折强度（MPa）	标准试验条件下	≥2.50
		冻融循环后	
	抗压强度（MPa）	标准试验条件下	≥15.0
		冻融循环后	
	收缩值（mm/m）		≤3.0
	吸水量（g）	30min	≤5.0
		240min	≤10.0

续表

分类	性能	指标
CG2 的附加性能	增强性能	除满足 CG1 所有的要求之外，填缝剂要满足至少一项特殊性能要求：低吸水性（W）、高耐磨性（A）或柔性（S）

表 11.3　水泥基填缝剂（CG）的技术要求——特殊性能

特殊性能			指标
F-快硬性	24h 抗压强度（MPa）		≥15.0
A-高耐磨性	耐磨性（mm³）		≤1000
W-低吸水性	吸水量（g）	30min	≤2.0
		240min	≤5.0
S-柔性	横向变形（mm）		≥2.0

表 11.4　反应型树脂填缝剂（RG）的技术要求

分类	项目		指标	
			RG I	RG II
RG 的基本性能	耐磨性（mm³）		≤250	
	抗折强度（MPa）	标准试验条件下	≥30.0	≥10.0
	抗压强度（MPa）	标准试验条件下	≥45.0	≥25.0
	收缩值（mm/m）		≤1.5	
	吸水量（g）	240min	≤0.1	≤0.2

　　填缝剂的抗化学腐蚀性，在相关标准中未给出规定值或化学介质的种类，工程可根据需要针对具体的介质按标准方法进行抗化学腐蚀性的检验，以确定化学介质对填缝剂的影响。

11.5　工程设计要点

　　石材填缝剂的选用应注意以下几个方面：

　　（1）外观应均匀一致，无杂质、无粗颗粒，颜色应符合供需双方商定的要求。

　　（2）根据使用场合和条件选择相应性能和附加性能的填缝剂品种，并注意是否考虑了耐环境化学腐蚀的必要性。

　　（3）不应特意追求高强度，最好有一定弹性。

　　（4）应考虑与石材包括涂防护剂后石材的相容性及对石材的污染性。

11.6　工程施工工艺及注意事项

　　石材填缝剂施工应注意以下事项：

　　（1）按照填缝剂的设计选用要点检查填缝剂的选择是否正确。

（2）检查产品应有出厂检验合格证明和使用说明书，应有全项性能检验报告。

（3）应提供质保说明。

（4）经至少包括相容性和污染性的见证检验合格后才能使用。

（5）注意应在产品规定的施工温度范围内使用。

（6）需要进行接缝防护的石材应在防护施工结束、防护剂完全干燥后再进行填缝施工。

（7）至少达到石材胶粘剂初期固化后（如 72h）才能进行石材的填缝施工。

（8）缝隙应清洁，无粉尘、杂物和积水，勾缝应密实平整。

（9）根据填缝剂产品品种和产品说明考虑接缝处石材应是干燥还是湿润状态。

（10）填缝完毕及时用布清洁石材表面。

（11）水泥基填缝剂施工后应进行潮湿养护至少 72h。

（12）需要进行后期整体防护的石材应在填缝施工结束并达到养护期后进行。

11.7　工程监理要点

现场监理主要控制两个方面的内容：

（1）每批胶粘剂产品的性能应符合标准中的规定，需要及时抽样送检。

（2）现场应按照胶粘剂的适用范围进行施工，需要适时监控。

11.8　工程检验与验收要点

查验有关的检验报告和现场资料。

第12章 石材干挂件

12.1 材料和产品分类

12.1.1 材料

石材干挂件是指将石材牢固悬挂在结构体上形成饰面的各种金属连接件。

12.1.2 产品分类

单体挂件按形状和使用要求分为两种类型：T 型挂件和 L 型挂件。

组合挂件按插板形状和使用要求分为三种类型：S 型挂件、E 型挂件和 R 型挂件。

背栓组合挂件按使用要求分为两种类型：普通型（P）和抗震型（R）。

12.2 特性和适用范围

T 型挂件因受累积承载的影响，适用于内墙及建筑高度不超过 20m 的小面积外墙；L 型挂件结构简单，性能可靠，适用于内外墙面，工程中使用量较大。S 型、E 型组合挂件、R 型组合挂件一般为铝合金挂件，变形系数较大，承载能力有限，适用于内墙及承载小的大面积外墙。背栓组合挂件性能可靠，挂件成本高，适合于内、外墙面。

12.3 选用原则

石材干挂件是石材幕墙安全性问题涉及的关键因素，在设计选用过程中应严格遵循安全性原则、可靠性原则和耐久性原则，合理选用产品的材质、形状和尺寸。

12.4 主要技术要求

12.4.1 执行标准

《干挂石材用金属挂件》（GB/T 32839—2016）

《干挂饰面石材及其金属挂件　第 2 部分：金属挂件》（JC 830.2—2005）

《天然石材装饰工程技术规程》（JCG/T 60001—2007）

《建筑装饰工程石材应用技术规程》（DB11/512—2017）

12.4.2　技术要点

不锈钢挂件材质应采用 304 型不锈钢、06Cr19Ni10 不锈钢或其他相似型号，侵蚀严重环境或海洋气候下使用的不锈钢挂件材质应采用 316 型不锈钢或其他类似型号。

挂件的长度、宽度、高度允许偏差应符合表 12.1 的要求。

表 12.1　挂件的长度、宽度、高度允许偏差　　　　　　单位：mm

项目	长度、宽度、高度			
参数	≥30 ~ 50	≥50 ~ 80	≥80 ~ 120	≥120
允许偏差	+3.9 0	+4.6 0	+5.4 0	+6.3 0

挂件的厚度允许偏差应符合表 12.2 的要求。

表 12.2　挂件的厚度允许偏差　　　　　　单位：mm

项目	厚度		
参数	3.0 ~ 5.0	5.0 ~ 6.0	≥6.0
允许偏差	+0.50 0	+0.60 0	+0.70 0

挂件的冲孔尺寸允许偏差应符合表 12.3 的要求。

表 12.3　挂件的冲孔尺寸允许偏差　　　　　　单位：mm

项目	孔的最大尺寸	
参数	<10	≥10 ~ 50
允许偏差	+0.10 0	+0.15 0

背栓直径、长度允许偏差应符合表 12.4 的要求。

表 12.4　背栓直径、长度允许偏差　　　　　　单位：mm

项目	直径	长度
允许偏差	±0.40	±1.0

挂件的平面度允许公差应符合表 12.5 的要求；挂件的角度允许偏差为 ±2°。

表 12.5 挂件的平面度允许公差 单位: mm

项目	长度			
参数	30 ~ 50	50 ~ 80	80 ~ 120	≥120
允许公差	+ 0.15	+ 0.20	+ 0.25	+ 0.30

挂件的最小规格尺寸规定如下:

(1) 室外装饰用挂件的竖板和插板面积应不小于 50mm × 15mm,室内装饰用挂件的竖板和插板面积应不小于 15mm × 10mm。

(2) 单体挂件的横板和组合挂件的主托板的宽度应不小于 40mm。

(3) 单体挂件的厚度应经受力计算确定,不锈钢挂件的厚度应不低于 3.0mm,铝合金挂件厚度应不低于 4.0mm。

(4) 背栓的直径应经受力计算确定,背栓用于室外装饰时最小直径不小于 8.0mm,用于室内装饰时最小直径不小于 4.0mm。

挂件表面质量规定如下:

(1) 表面不得有气泡、裂纹、结疤、折叠、夹杂和端面分层,允许有不大于厚度公差一半的轻微凹坑、突起、压痕、发纹、擦伤和压入的氧化铁皮。

(2) T 型挂件角焊缝的焊脚尺寸应为插板最小厚度,焊缝应焊实,不得采用点焊连接。

(3) 冷加工后表面缺陷允许用修磨方法清理,但清理深度不得超过厚度公差一半。

(4) 冷加工后配件厚度减薄量不得超过厚度公差一半。

(5) 冲压孔边加工后应平整光滑,不得有毛刺、毛边。

单体挂件的拉拔强度、组合挂件和背栓组合挂件的组合单元挂装强度应符合表 12.6 的规定,工程有特殊规定时按设计要求执行。

表 12.6 挂件的拉拔强度要求

项目	技术指标	
	室内用途	室外用途
拉拔强度 (kN) ≥	2.40	10.00
组合单元挂装强度 (kN) ≥	0.65	2.80

12.5 工程设计要点

干挂技术作为一种现代石材施工工艺,不仅施工便捷、安全可靠,而且保持了石材天然的质感,同时保温隔热效果十分明显。因此,积极研究采用干挂技术对石材工程应用中的节能、减排具有重要的意义。设计过程中应注意以下事项:

(1) 金属骨架采用的钢材的技术要求和性能应符合现行国家和行业标准,其规格、型号应符合图纸设计要求。

(2) 挂件应选用不锈钢或铝合金挂件,其大小、规格、厚度、形状应符合现行国家和行业标准，以及设计要求。

（3）镀锌金属挂件应有足够的厚度，并使用在适宜的场所，不宜使用在室外。

（4）沿海城市使用的不锈钢挂件应考虑盐雾影响，保证其可靠性。

（5）其他材料，如垫片、膨胀螺栓、螺栓、平垫、弹簧垫等，应选用不锈钢制品，其规格、型号应符合设计要求并与挂件配套。

12.6 工程施工工艺及注意事项

工程施工应严格按照设计要求和相关规范要求进行安装，并应注意以下事项：

（1）安装前应将干挂件与石材固定，背栓应胀紧固定，插板用环氧树脂胶粘剂固定在槽内。

（2）石材板材的调整应通过挂件的冲孔和固定螺栓实现，不应通过扩大石材槽孔的尺寸来调节。

（3）现场应检查每个挂件和配件的外观质量，发现有缺陷挂件应及时替换。

12.7 工程监理要点

干挂件作为施工现场的一个材料配件，应按正常监理程序进行严格监控，特别应注意以下两个方面的内容：

（1）每批石材干挂件的性能应符合标准中的规定，现场需要及时抽样送检。

（2）现场应按照设计要求规范地进行施工，需要适时监控。

12.8 工程检验与验收要点

查验有关的检验报告和现场资料。

第五部分

石材维护和保养

第13章 石材日常维护和保养

13.1 石材日常维护和保养常识

13.1.1 综述

装饰石材安装使用后还需要定期进行检查、维护、保洁和保养，以保持天然石材的装饰效果，这就是日常维护保养的范畴。石材日常维护保养主要包括以下内容：

（1）对破损的板材及时进行更换。

（2）对脱落或损坏的密封胶或密封胶条及时进行修补与更换。

（3）对石材幕墙的干挂件、连接部件松动、锈蚀或脱落的及时进行修补或更换。

（4）采取措施，尽可能避免天然石材遭受各种污染和处于恶劣的环境中。

（5）石材遭受污染或出现各种病害时，及时进行清洗。

（6）根据石材的应用状况和磨损情况，采用整体研磨技术解决地面高低差、地面不平和表面失光等问题。

（7）根据石材防护剂的应用情况和使用年限，及时补刷相应的防护剂。

（8）根据磨损情况，定期对做过晶硬处理的地面进行再结晶硬化处理，保持有效的结晶层和装饰效果。

（9）及时掌握地面防滑状况，必要时进行防滑处理。

（10）经常性地使用尘推等工具进行表面清洁。

13.1.2 维护保养的一些具体措施

有效地控制污染物主要是针对水性、油性物质和外界带入的尘埃、砂粒、雨雪等污染物质，采用三级地垫进行地面防控：大门的外部和内部进行第一级、第二级防控；室内重点区域，如卫生间、厨房、电梯厅、停车场、员工通道、防火通道、操作间等出入口，进行第三级防控。

石材遭受污染或出现病变时，应及时进行清理，具体清理方法参考本书14.1石材清洗。石材出现的裂纹和缝隙时应及时进行修补，若出现难以修复或涉及安全等问题时，应彻底更换。石材的挂装系统和胶粘剂等辅助材料出现问题时，应及时进行修补或更换。石材的日常除尘多使用干式拖布进行，采用整体研磨技术进行打平、翻新作业，采用涂刷防护剂的方法对石材进行有效的保护，采用结晶硬化技术增强软质石材的表面硬度、耐磨性、防滑性和外观质量，具体方法参考相应的章节内容。

13.1.3　注意事项

大理石、石灰石类石材的清洗推荐采用中性或弱碱性的含有表面活性剂配方的清洗剂清洗，花岗石类石材的清洗采用中性或一些弱酸性的去锈剂或弱酸性的含有表面活性剂配方的清洗剂清洗，石材不能接触非中性的物质，也不能使用强酸、强碱性清洗剂清洗，否则都会造成石材的损坏。

石材不能使用蜡质材料进行维护保养，也不能长期覆盖杂物，容易造成污染和病变。石材防护剂绝非防水剂，也不是万能的，而且会有时效性，因此尽可能减少石材遭受污染的机会，让石材在通风干燥的状态下，保持表面干净清洁，出现污染问题应及时进行处理。日常保洁或清理使用的尘推、拖布和毛巾切忌带水和带有较大的湿度时使用，避免石材产生病变、湿滑、脚印和灰蒙感等。

再结晶硬化时晶硬剂的选择最好定期轮换，并且与前面所用的晶硬剂相兼容。石材防护剂的选择要注意品质，最好选用同型号的产品进行补刷，或者兼容的防护剂施工，否则需要清除原有的防护层才能再涂刷新防护剂。

13.1.4　石材幕墙的安全性评估

石材幕墙工程竣工验收后一年，应进行一次全面的检查，此后每五年应检查一次。检查的项目应包括以下内容：

（1）幕墙整体有无变形、错位、松动，如有其一则应对该部位对应的隐蔽结构进行进一步检查；幕墙的主要受力构件、连接件和连接螺栓等是否损坏、连接是否可靠、有无锈蚀等。

（2）石材板材有无开裂、损坏或松动等问题。

（3）密封胶有无脱胶、开裂、起泡，密封胶条有无脱落、老化等损坏现象。

（4）幕墙排水系统是否通畅，开放式幕墙的防水系统是否损坏或失效。

（5）背部连接的石材幕墙，其连接装置是否松动、损坏。

每两年应对幕墙石材的防护层进行检查，通过在雨后对幕墙石材的防水性能作出评估，防水能力下降时应及时按规定进行重新涂刷。

幕墙工程使用十年后，应对不同部位的硅酮结构密封胶和环氧树脂胶粘剂进行粘结性能的抽样检查；此后宜三年至少检查一次。

石材幕墙遭遇强风袭击后，应及时进行全面的检查，修复或更换损坏的构件。石材幕墙遭遇地震、火灾后，应由专业技术人员进行全面的检查，并根据损毁程度制订处理方案，及时进行处理。

检查发现局部少量的问题应及时进行维修或更换，问题普遍或严重时应聘请有关专家进行论证，评估石材工程的安全性能和相应措施。

13.2　石材易出现的各种病变、成因和护理方法

石材病变是指石材安装使用以后，由于各种自然因素或人为因素造成石材出现水斑、白华、锈斑、油斑、盐斑、水渍、有机色斑等污染现象，以及光泽度下降、褪色、起甲、粉化等老化现象，从而影响石材外观、内在品质和使用功能。本节主要介绍石材常见的病变种类及产生原因和主要解决方法。

1. 水斑

水斑是指水或吸湿性物质渗入石材内部后，使石材表面产生的不易自然干燥的湿痕。

水斑产生的原因有三个方面：一是材料本身的原因，如孔隙率比较高的石材品种，吸水率也比较大，更容易吸收水分而出现问题；二是防护剂和防护施工的问题，是否使用了劣质防护剂，防护剂型号是否与工程所使用的石材品种适合，以及防护施工过程是否按要求进行等；三是外界因素，包括基层的防水处理情况，找平层和粘结层是否存在过多的水分，清洗工艺、整体研磨和日常维护时是否有水性物质长时间浸泡过，工程是否有雨水长期侵蚀，以及是否有碱性吸湿性物质渗入石材中等原因。

在分析了以上的各种情况，找出可能出现的原因，加以控制，解决水斑的源头污染问题，才能彻底控制水斑。已渗入石材的水性物质，可以通过清洗工艺进行清除；问题不严重时，采用自然风干法逐步消除。

结合工程中的实际经验，在预防和解决水斑等问题方面应注意以下事项：

① 选择石材品种时，应优先选择致密性好、吸水率低的品种，尤其是采用普通水泥砂浆粘贴施工时更应该注重石材品种的选择。

② 石材防护剂的选择要与工程具体的石材品种相配合，没有工程实际经验的应用可以采用小范围使用或在实验室数据验证的基础上再大面积使用。防护剂的施工应严格按照要求进行，必要时应加强监督检查工作，确保有效防护。

③ 工程所在地区地下水丰富时，需做好基层的防水处理。

④ 找平层的水泥、砂石和水的配比要避免多余的水分存在。

⑤ 粘结层推荐采用专用水泥基胶粘剂，并严格按照配比进行拌和。如采用普通水泥砂浆时，也应严格控制水的比例，避免多余的水分散发。

⑥ 清洗过程和整体研磨时应做好防护和防渗措施，并及时清除水性物质。日常维护和保养时，避免水性物质接触石材，出现意外时应及时清除。

⑦ 铺贴施工底层水分过大时，或者地面出现浸水事故时，应打开全部的接缝，采用自然干燥或人工加速干燥排空地面水汽，有地暖的地面利用地暖作用加速完成水汽的排空。确认地面不再有湿气上升后，方可进行填缝处理，填缝材料推荐使用专用的填缝剂。

⑧ 室内浴室、浴池、泳池等长期处于水环境的场所，以及室外大面积广场需要长期处于雨水的侵蚀作用的场所，所使用的石材因防护剂的局限性，无法保证长期百分

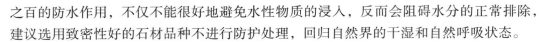

之百的防水作用，不仅不能很好地避免水性物质的浸入，反而会阻碍水分的正常排除，建议选用致密性好的石材品种不进行防护处理，回归自然界的干湿和自然呼吸状态。

2. 白华

白华是指可溶性物质通过石材内部的毛细孔或石材之间的接缝到达石材表面，干燥后留下的白粉状物质。

白华产生的原因有两个方面：一方面是有盐碱物质存在；另一方面是有载体的输送。盐碱物质主要来自基层、水泥基胶粘剂和填缝材料，基层盐碱有处理基层时留下的石灰等材料，也有土壤中含有的大量盐碱物质，如建在河滩上面的广场等；水泥中的碱性物质主要来自找平层、粘结层；填缝材料，如水泥基填缝剂、白水泥、石膏等，含有大量的盐碱物质。盐碱物质的载体主要是指水，水斑干燥后往往会留下盐碱印迹。

处理此类病害也重点在两个方面：阻断水的输送功能；减少盐碱物质的存在。第一方面的处理措施与水斑预防相同，此处不再重复。第二方面的措施主要是选择低碱水泥和专业的胶粘剂、填缝剂；盐碱地面基层要做相应的处理，避免翻浆；不可采用白水泥、石膏等材料进行填缝等。

3. 锈斑

锈斑是指含铁物质与环境中的化学物质发生反应，在石材表面形成的黄色或黄褐色的斑迹。

锈斑产生的原因主要有三个方面：一是石材本身含有一定量的铁元素，在潮湿的环境下与空气接触被氧化生成铁锈，随着水分在岩石微孔中扩散和表面挥发，使黄锈斑逐渐渗开，造成岩石表面的不均匀扩散状的黄褐色；二是石材开采、加工、运输、安装、清理等过程中铁物质的残留或铁锈的直接浸入，在自然状态下逐渐氧化和扩散，产生黄锈斑；三是使用酸性材料清洗石材后造成的铁元素渗入或残留的酸性材料对岩石中铁物质的腐蚀。

锈斑防治的重点是做好石材的防护工作，减少被潮湿空气、酸雨等的氧化作用。减少石材开采、加工、运输、安装、清理等过程中与铁物质的接触机会，尽可能地采用无污染的衬垫，经机械加工后的石材应及时清理表面。不使用强酸、强碱性材料清洗石材，弱酸性材料清洗、打磨完石材应及时清除残余。出现锈斑应使用专业的清洗方法进行去除，干燥后及时做好补刷防护剂等防护措施。

4. 油斑

油斑是指含油脂的物质渗入石材表面层形成的斑痕，常常会自动吸附灰尘形成油污斑。

油斑产生的主要原因是外界物质的渗入，也有加工过程中的机油、润滑油，应用中的食用油，施工安装过程中的树脂胶渗出油性物质等。此类病害的防治重点是做好石材防护，减少接触机会，及时进行清除。对于有油污的场所，可在石材表面涂刷防油型防护剂。树脂胶粘剂的选用应使用石材专用型，不污染石材的产品。出现油污污染的地方，及时进行专用清洗防护。

5. 有机色斑

有机色斑主要是指各种含色素的有机物渗入石材后形成的有色斑痕，如湿的草绳、纸箱渗入的草绳黄，茶水、咖啡、酱油、果汁等带色素的溶液渗入的有色斑痕，有色颜料、墨水、记号笔的印迹，以及微生物分泌液或遗存物质等。这些情况都是石材应用过程中经常接触到的物质，主要防治方法也是要做好石材防护，减少与这些物质接触机会，出现问题时需要及时进行清除等。

第 14 章　石材护理工艺

14.1　石材清洗

14.1.1　综述

本节的石材清洗不是指生产过程中涂胶或涂刷防护剂前的冲洗、清洁等过程，也不特指工程验收前石材表面的清洗工作。石材清洗泛指石材在应用过程中出现的各种病变的清理过程，主要是针对水斑、锈斑、盐碱斑、油斑、白华或其他污染斑现象进行的清理工作。

石材清洗的方法分为：物理清洗和化学清洗。物理清洗是使用物理或者机械方法去除污渍；化学清洗是使用化学品来治理病变。清洗一般采用清洗剂和人工的方法，或借助于机械设备等特种方法。目前已形成了一批专业的施工队伍，有相应的资质和定期的培训，能够专业地完成石材的日常清洗工作。

14.1.2　准备工作

根据污染情况了解污垢的种类、特性、形成原因及污染程度等信息，确定对污染源的清洗是化学清洗或物理清洗。采用化学清洗方式，需要根据石材品种、饰面做法、污染源种类以及污染渗入情况选择适当的清洗产品。清洗产品的 pH 值应适合所应用的石材品种，酸性清洗剂及强碱性清洗剂不能用于大理石、砂岩、石灰石等种类的光面板材施工。含强酸或强碱的清洗剂也谨慎用于花岗石石材品种，容易导致后期出现各种问题。清洗产品应有使用说明书、合格证，有害物含量应符合相关标准和规范的要求。

使用前，应检查清洗产品的类型，所选的清洗剂与应用的石材种类、污染物相适宜。确定污染是否对石材造成损坏，如已造成实质性损坏，需另做处理。施工前的石材表面应干燥、干净、无灰尘。清洗施工时，应保持通风，无雨水、无粉尘。

14.1.3　清洗施工

石材清洗工艺流程一般为：

　　　表面清洁→石材干燥→围挡保护→涂刷清洗剂→清水清洗→干燥

石材清洗工艺过程如下：

（1）石材表面清洁。

使用适当的工具清除石材表面的尘土、胶及其他附着物。面积较大时，可使用专用机械设备。清洁完成后，去除表面的水分。

（2）石材干燥。

石材表面适合采用自然通风的方式进行干燥，尽量避免使用高温、火烤等干燥方法。

（3）围挡保护。

使用警示牌围挡施工部位，防止无关人员误入造成损伤。

（4）涂刷清洗剂。

施工人员应佩戴好防护用具，使用毛巾或毛刷将清洗剂涂刷于污染处。必要时可将纸巾附着于污染处，将清洗剂置于纸巾上，上附保鲜膜，保持湿度。

（5）清水清洗。

污染消除后，应使用清水清除残留的清洗剂，至 pH 值为 7 左右，去除表面水分。如需反复多次进行清洗，则重复涂刷清洗剂和清水清洗，直至污染去除。

（6）干燥。

清洗完成后，采用自然风干的方式，其间不能接触污染物、雨水、粉尘等。石材彻底干燥后，查看污染物清洗结果。

14.1.4　验收质量

在室内清洗污染物时，清洗剂应满足《民用建筑工程室内环境污染控制规范（2013 版）》（GB 50325—2010）等有关标准的规定。清洗剂不应对石材造成损伤，不应造成石材光泽度下降、变色、泛黄等。

目视清洗前后，石材表面应颜色一致；清洗前后光泽度无明显变化，使用测光仪检测时，下降值不大于 5%；石材表面无尘土及附着物，无残留清洗剂。

14.1.5　清洗应注意的事项

（1）大面积施工前，应进行小样试验，以确保清洗效果。

（2）清洗施工时，应戴好防护手套、眼罩、口罩等个人防护用品，并注意施工现场的通风换气。

（3）使用过氧化物清洗剂时，应准备塑料桶并加水，施工完成后施工废料应放入桶中，避免产生自燃。

（4）一旦清洗损伤石材，应采取补救方法或更换石材。

（5）清洗施工时，如有必要应拉起警戒线，并派专人守护。

（6）清洗剂存放，应远离火源、避免高温。

（7）石材清洗时，应尽量减少用水量，做到量少次多地清洗，防止造成石材的二次污染。

（8）清洗剂接触皮肤或误入口服时，应及时进行清洗、就医。

14.2 石材防护

14.2.1 综述

石材防护就是对石材进行防护性保护，使石材免遭外界各种破坏因素的污染、侵蚀或磨损。目前，石材防护主要是利用化学材料和技术，在石材表面或表层生成防护层，以克服石材自身的某些缺陷，防止各种污染物的侵入，保持石材的装饰效果，延长石材的使用寿命。

石材防护一般是作为石材生产工艺过程中的一个环节进行的，在产品出厂前就已完成了防护作业。当然，石材防护环节也可以发生在石材施工安装前，在进行了开槽、预铺装等施工准备后，按照要求可进行现场防护作业和保养，只要现场能达到规定的要求。一般是推荐在生产企业完成防护和养护过程，施工现场若有开槽等作业时再进行补刷，毕竟施工现场条件有限，有时为了赶工期会减少养护时间，造成防护效果不佳等问题。石材防护应在石材清洗后或石材翻新打磨后进行，以保护石材免遭再次污染。同时也因为防护剂的使用寿命有限，石材工程在正常使用了 3~5 年后，也需要对使用中的石材进行防护剂的涂刷作业。

石材防护剂产品也出现了一些知名品牌，它们在近些年的实际工程应用中性能稳定，具有不俗的表现，用户可咨询选用。

14.2.2 准备工作

1. 防护剂的选择

防护剂是指能够有效地降低石材的吸水率，提高石材的耐污性和耐蚀性，防止天然石材产生白华、水斑、锈斑等病变的溶液。防护剂按照溶剂类型分为水剂型（SJ）和溶剂型（RJ）两类；按照功能分为防水型（FS）和防油型（FY）两类；按使用部位分为饰面型（SM）和底面型（DM）两类。饰面型防护剂按防水性、毛细吸水系数下降率、耐污性分为 A 级和 B 级两个等级。

石材防护剂产品不仅品牌繁多、类型多样化、成分复杂、优劣混杂，就是同一产品应用在不同的石材品种上也会有不同的表现。因此，应根据设计要求、石材品种、防护目的、成功案例等诸多因素，做到科学、恰当地选择防护产品。防护剂产品的质量首先应符合相关的现行国家和行业标准，防护剂应有合格证及有效期内的检测报告、使用说明书等相关材料。进口产品应有中文说明（包括产地、生产商、生产日期、使用说明、国内代理厂商等内容）、报关单、商检单等。所选用防护剂的有害物质含量，同时也应满足《民用建筑工程室内环境污染控制规范（2013 版）》（GB 50325—2010）的规定。防护剂进场施工前，需核查防护剂品牌、种类、型号、出厂日期等信息，并开盖检查防护剂有无变色分层、漂油和沉淀等变质现象。

2. 石材

石材的外形、尺寸、平整度、光泽度、外观均应符合设计及有关板材的质量标准，有崩边、掉角、裂缝、孔洞应事先进行修补，有特殊要求的除外。在正式防护前，石材所有的修补、开槽、特殊表面处理工序均应完成。石材表面应无锈斑、色斑、胶痕、油污、蜡质等污迹，否则应选用石材专用清洗剂进行清除。防护前，石材表面干燥且颜色均匀，不应有干湿色差。背部有加强网的石材，在生产企业可保留背网不进行背面防护，在施工现场需铲网涂刷底面型防护剂；如工程需要带背网施工时，可不进行底面防护。

3. 其他要求

大面积施工前，对于所选定的防护剂与被防护的石材应进行小样试验，以检验现场产品的可靠性，确保防护效果。石材应垫木方码放，倾斜码放石材正面应朝向施工人员，两块石材之间用硬质无污染物隔开保持通风。码放时应注意编号、架号，核对石材数量、品种，不能发生错乱。石材防护作业，应保证通风良好，无雨水、无粉尘，温度 5℃ 以上，相对湿度不大于 60%，风力不大于四级，溶剂防护剂涂刷时应远离火源。

14. 2. 3　施工工艺

石材防护工艺流程一般为：

码放→清洁→干燥→正面及侧边防护→背面防护→养护→整理

石材防护施工过程如下：

1）石材码放

石材应按架号或编号区分码放，采用水平或倾斜码放。码放时，戴好防护手套，轻拿轻放。不能造成崩边、豁口和石材断裂。如发生崩边、豁口和石材断裂等现象时应及时进行修复，不能修复的应更换石材。码放时，应留有操作人员的通道，铺开平放石材时，石材与石材之间留有 3cm 以上间距，方便四边防护剂的涂刷。

2）石材清洁

石材表面应干净、无粉尘，必要时使用毛巾、毛刷等工具除去石材表面的粉尘，使石材表面纹理、颜色、光泽得到显现。石材表面的锈斑、胶痕、油污、蜡质、有机色斑等污染以及已有防护层需要专业的清洗剂进行清洗，使用毛刷或毛笔对症选取清洗剂进行清洗。污染清除后，用清水去除石材表面残留的清洗剂，使石材表面 pH 值达到中性左右。清洗时，人员需佩戴好防护手套、口罩、眼罩等防护用品。

3）石材干燥

石材应采用自然干燥或人工吹干等方法干燥，不适合采用火烧、微波加热等的方法干燥。石材干燥过程中应避免雨水侵蚀、粉尘飘落或其他形式的污染。

4）正面及侧边防护

石材干燥后即可涂刷防护剂，防护剂涂刷可采用喷、擦、刷等方法，大面首先涂刷石材的四周，然后涂刷石材的中心部位，横竖方向各涂刷一遍，再涂刷侧边。防护剂应均匀满涂，不得漏刷。依照产品使用说明静置后，按以上程序进行第二遍涂刷，稍后擦去表面的残留物和浮尘。防护剂也可采用浸泡的方式，值得注意的是完全浸泡法的效果并不是最佳，原因是一些微细孔隙的空气被封堵在里面，防护剂无法全部渗入，相反半面浸泡法的效果是最佳的，只是防护剂产品用量大，后期防护剂会有污染发生。

5）背面防护

涂刷了防护剂的正面（装饰面）表面干燥后，即可进行翻板，翻板应轻翻轻放，不得损坏石材，依照原有架号码放，不应造成混乱，并清理背面。背面的防护剂应按要求选择，干挂石材可继续使用饰面型防护剂，而湿贴石材需要更换底面型防护剂。按正面的方法涂刷背面防护剂两遍。

6）养护

防护剂施工后必须留有静置时间，选择阴凉、干燥、通风的地方进行静置，它是保证防护效果的重要步骤，静置时间须遵守使用说明书中的规定。养护期内石材不能接触水性、油性或其他污染物。

7）整理

检查石材各防护面是否有漏刷或流淌痕迹，并用刀片清理干净，按架号或编号码放整齐。

14.2.4　工程验收

（1）防护剂的品种、型号、规格、性能应符合设计要求，防护剂的质量应符合《建筑装饰用天然石材防护剂》（JC/T 973—2005）标准中的规定。防护剂用于室内工程时，其有害物质含量必须满足《民用建筑工程室内环境污染控制规范》（GB 50325—2010）中的规定。

（2）饰面型防护剂的施工，不应改变石材原有的颜色、纹理、光泽，特殊装饰效果例外。

（3）渗透型防护剂渗入石材深度：花岗石≥1.5mm，大理石≥1.0mm，石灰石≥5mm，砂岩≥5mm，板石≥1.0mm。检验方法可以在经过防护处理的石材上取样，将试件浸入有色水中，观察侧面，检查防护剂的渗入深度。

（4）防护剂的涂刷应均匀，不得漏刷，待防护起效后，对石材进行泼水检测。石材铺装完成后，不能采用浸泡的方法进行防护剂施工后的检验。

（5）石材饰面表面无防护剂残留痕迹及粉尘。

（6）底面防护不得起皮，不得被锐物划伤。

（7）底面涂刷防护剂的石材与基层应粘结牢固。

14.3　石材整体研磨

14.3.1　综述

石材翻新是将使用旧的、脏的或表面失去光泽的石材进行整体研磨，重现天然石材靓丽的特征，如同新的石材一般，这是其他建筑装修材料不可比拟的特性。石材整体研磨目前已不是简单地进行打磨的工艺，而是伴随着石材清洗、防护和晶硬等多种工序的综合型服务工作，全方位地为石材的美化和保护做贡献，形成了一个巨大的产业——石材应用护理。随着我国石材的应用越来越广，石材工程的后期服务需求也突飞猛增，该产业具有良好的发展前景，需要多方面的重视和规范加以促进。

石材整体研磨除了应用在既有工程的翻新外，也适合作为一种石材施工过程的补充，可以有效地弥补施工的不足，降低石材生产和施工时的要求，有利于提高施工进度和效率。此类工程的石材在加工阶段可不进行抛光或采用低光泽板材，安装时可适当放宽高低差问题。当然也应尽可能调整好平整度，不宜有太大的剪口，否则打磨时的劳动强度过大，磨损厚度加大，整体平整度不好。整体打磨时的压力毕竟有限，尤其是墙面施工难度更大，其抛光效果远不如企业自动抛光线，因此选择此类工艺应慎重，综合利弊。

14.3.2　材料要求

1）研磨料

根据工程质量要求，科学、有针对性地选择大理石配套磨料、花岗石配套磨料等产品，不可用翻新浆等产品代替。研磨料应有合格证、生产日期及使用说明书，进口产品应有中文说明（包括产地、生产商、生产日期、使用说明、国内代理厂商等内容）。所选用磨料的有害物质含量，应满足《民用建筑工程室内环境污染控制规范》中（GB 50325—2010）的规定。研磨料应具有非常好的磨削力和优异的抛光性能。研磨料应严格按照说明书要求使用。

2）嵌缝材料

应选用树脂基嵌缝剂，嵌缝剂不可污染石材，应容易调配颜色，且具有优异的抛光性能。

3）有关机具

研磨机宜选用质量为200kg以上，转速为400~1200r/min，功率为5.5~7.5kW的桥式研磨机，以及可调速的手提式研磨机、小型圆盘机、台阶研磨机、石材切割机、吸水吸尘两用机。工具应准备平铲刀、毛巾、塑料膜、美纹纸、胶带、电线及转换插头、水桶、玻璃水刮、扁铲、刀片等。

14.3.3　施工前的准备与检查

（1）石材养护期的检查：铺装后的石材常温下至少要养护7d以上（冬期施工时养护期不少于14d），才能做整体研磨处理，否则整体研磨容易出现空鼓、断裂等现象。

（2）对石材地面平整度、空鼓、裂缝、缺边掉角等进行检查，应达到验收标准。

（3）永久性深层污染必须更换石材，石材现有病症，应事先进行处理。

（4）在石材洁净干燥的情况下，采用有机硅类石材防护剂在石材表面涂刷两遍。

14.3.4 施工要求

整体研磨施工工艺流程一般如下：

相邻成品防护→地面的检查→切缝处理→防渗处理→修补、嵌缝→粗磨→再次修补→细磨→抛光→质量检验→拆除成品防护→清场

研磨施工前，应对邻近周边的物体用80cm以上的保护膜进行相邻成品防护，特别是木制品、涂料墙面不得有污染或被浸泡的情况。特殊部位如落地玻璃、干挂石材落地墙面等需做硬质保护，以保证研磨施工中不对周边物体造成损坏和污染。检查需要做整体研磨的地面，符合施工要求。

板缝不均匀可进行切缝处理，一般要求切片厚度在1.2mm以内，切出的缝隙最大不超过2mm。如前期防护不到位，应进行防渗处理，参照防护剂防渗施工处理的相关标准执行。

嵌缝材料要使用树脂基、易调色、抗污染、牢固性和可抛光性的材料。嵌缝时要用刀具将石材缝隙处的砂浆杂物清除并用毛刷、吸尘器将粉尘彻底清除干净。嵌缝深度达到3mm以上，嵌缝施工时，嵌缝材料固化后应高出板材表面，距2～3m处目视，嵌缝处不得留有明显的嵌缝痕迹，嵌缝材料与石材颜色相接近。

地面石材的粗磨：使用桥式现场地面石材研磨机，菱苦土磨块的46目、60目对地面石材进行粗磨处理，使打磨石材地面的接缝、高低差、划痕、翘曲变形现象完全消除。

地面石材细磨：使用120目、220目中度金刚砂颗粒的菱苦土磨块对粗磨后的地面石材进行打磨，以消除粗磨留下的痕迹。用400目、800目细度金刚砂的树脂磨块进一步进行打磨处理，以消除120目、220目打磨的痕迹，石材出现明显的光洁度。此时石材慢慢恢复原来的颜色。

地面石材抛光：使用1200目的抛光树脂磨块对细磨后的地面石材进行打磨抛光处理，石材进一步提高光洁度。用树脂磨块最后一个抛光目10LG对石材进行最后一道抛光处理，将地面石材抛至高光效果且将打磨抛光后的石材达到石材出厂时的色泽。

对研磨后的地面石材进行再次修补处理：待研磨后的地面石材表面完全干燥后（24h后），方可进行二次修补处理。使用石材专用修补、嵌缝剂，对由于研磨后部分缝隙修补、嵌缝剂不饱满或脱落的区域进行二次修补，使缝隙及崩边掉角处达到平整、饱满的效果。

整体研磨后的成品应进行以下保护：

（1）研磨后的地面石材在5℃以上，要保持石材通风3～7d，使研磨时石材表层吸收的水分完全挥发。

（2）如遇严重交叉施工时，应用硬质材料进行保护，直至结晶硬化处理完毕。

14.3.5 质量要求

（1）地面石材整体研磨后的平整度：在施工范围内整体平整度为0.5mm。检验方

法：用直线度公差为 ±0.2mm 的 2m 靠尺，被测面应离墙、柱或其他阻挡物 20cm 以外进行。

（2）地面整体研磨后的镜面光泽度可用镜向数字光泽度仪按标准板调试准确后进行测量，应达到国家有关产品的光泽度要求或设计要求。

（3）仿古面的光泽度及凸凹度：整体研磨后仿古面的光泽度从侧面迎光观察呈丝光状态，正面没有光泽度；凸凹度可根据用户的要求先试小样，双方协议按样执行，一般密度均匀的石材不适宜做仿古处理，否则效果不明显。

14.4　石材结晶处理

14.4.1　综述

石材的结晶硬化处理最早是从国外引进的一种新技术，目的是提高大理石等石材表面的硬度、耐磨性以及光亮程度等性能，其原理是将结晶材料通过研磨发热，与大理石表面的物质发生物理和化学变化，逐渐形成新的质地坚硬、光亮的结晶层，从而有效地保护石材，以弥补一部分石材品种结晶不好以及各种天然缺陷，提高软质大理石的耐磨性和硬度。

该工艺最早是作为一种翻新工艺使用，即对已使用过的且表面失去光泽的大理石表面打磨翻新处理后进行的增强和保护工艺，适用于用旧的无光泽的石材和软质石材。目前，该工艺已经应用到大理石、石灰石、花岗石、人造石、水磨石、通体砖等产品领域，成为地面石材安装后必做的处理工艺，并且与石材清洗、石材防护相结合，产生了一个新兴石材服务产业——石材应用护理行业，专门承担石材的清洗、防护、晶硬及打磨翻新等业务。但是由于行业刚刚兴起，技术、标准、管理制度还不完善，从业人员参差不齐，该方面的质量问题还是层出不穷，晶化处理工艺还是应该选择有资质的专业队伍进行施工。

值得一提的是晶化处理特别适合软质的大理石、石灰石类品种，可以有效地提高石材的表面硬度和耐磨性，提高地面石材的使用寿命。一些质地坚硬的大理石，如西班牙米黄、莎安娜米黄、大花绿等，石材本身的结晶非常好，一般性使用场合不需要进行结晶硬化。如果将这些新铺装的坚硬大理石光面打磨掉再做晶化处理，是一种工艺浪费，而且现场靠手动工具很难达到自动抛光出来的平整度和光泽度。选择晶硬工艺还是要根据石材品种和施工工艺要求，合理地量力进行。

石材结晶硬化处理通常是和整体打磨工艺配套进行的，中间也掺杂着石材清洗和石材防护等工艺措施，目前市场上涌现出了一批质量过硬、技术精干的专业服务队伍，分别采用不同类型的晶硬粉和晶硬剂以及施工设备，具有相应的资质，能够完成所有石材结晶处理。

石材晶硬材料的形态有液体、粉体、浆体、颗粒体、纤维和片状体等，其中液体和浆体为主，统称为晶硬剂。目前市场上主要有 K 系列、NCL 系列、CR 系列和国产系列等四类石材晶硬剂。K 系列包括 K1 ~ K3，源于西班牙产品，K1（白色）适合深色石材和人造石，K2（粉红色）和 K3（琥珀色）适合米黄色石材。NCL 系列石材晶硬剂源于美国的产品，包括 NCL2501 ~ NCL25022，按其操作手册进行，使用时比 K 系列容易掌握，但其操作程序比较复杂。CR 系列源于西班牙的产品，品种较多，包括 CR-1 ~ CR-15，其中还有特殊用途的品种，如 CR-3T、CR-9T 等，真正实用的是 CR-1、CR-2、CR-3。CR-1 既适用于大理石，也适用于花岗石，具有再结晶和清洁两重功效，特别适合新铺装和表面不干净的石材；CR-2 对于大理石和水磨石效果较佳，无须清洁的石材 CR-1 和 CR-2 可以混合使用；CR-3 适合浅色和白色大理石。国产系列如红宝石（ruby）、蓝宝石（sapphire）、白水晶、京石一号等是浙江大学石材研究室的产品，红宝石是一款广泛用于大理石、石灰石、板石和砂岩等石材的晶硬剂，特别适用于进口米黄系列，对其他色系的大理石也有明显的效果；蓝宝石是花岗石专用晶硬剂。

14.4.2 材料要求

1）晶硬剂、晶硬粉和保养液

根据设计要求，针对石材的材质合理地选择大理石晶硬剂、花岗石晶硬剂、大理石晶硬粉和配套保养液、花岗石晶硬粉和配套保养液等产品。不能用抛光粉、抛光剂等代替。晶硬剂应按照说明书正确使用。晶硬剂应有合格证、生产日期及使用说明书。进口产品应有中文说明（包括产地、生产商、生产日期、使用说明、国内代理厂商等内容）。所选用晶硬剂、晶硬粉、配套保养液的有害物质含量应满足《民用建筑工程室内环境污染控制规范》（GB 50325—2010）中的规定。

2）钢丝棉

钢丝棉分为 0 号、1 号普通钢丝棉和 1 号不锈钢钢丝棉等。钢丝棉不可有杂丝、杂质、生锈和发黑等现象。

3）打磨垫

打磨垫分为马毛垫、白垫、红垫。硬度应适合，不可掉色。

14.4.3 施工前的准备与检查

（1）石材墙地面要求平整，如有明显接缝高低差，应先做整体或局部研磨再做结晶硬化处理。石材墙地面要求缝隙密实，一般采用树脂基嵌缝处理。

（2）石材墙地面要求干燥，一般新安装的石材应在基层及粘结层干燥后再做结晶硬化处理；整体或局部研磨后的石材要在 3 ~ 8d 干燥后再做结晶硬化处理；清洗后的石材应按照研磨后的石材对待。

（3）结晶硬化处理时，石材不得有缝隙不实、水渍、水斑或其他病症及各种深层污染，如有，应在病症得到治理后方可做结晶硬化处理。

（4）结晶硬化处理前的石材地面必须干燥、无污染、无灰尘、无粘结胶等。

（5）石材表面光泽度不低于 50 光泽单位。

14.4.4　结晶硬化施工

结晶硬化的主要工艺流程如下：

检查作业条件→选择晶硬材料和工具→打磨至光亮→质量检验→保养

选择晶硬剂时，模具上安装钢丝棉，在石材表面喷洒晶硬剂进行研磨；选择晶硬粉时，用水调成膏状，在模具上安装马毛垫，将晶硬膏压在马毛垫下研磨。

大理石地面结晶硬化工艺：将钢丝棉均匀地盘成打磨垫状，要求盘得平整、饱满，将盘好的钢丝棉打磨垫放于待结晶硬化处理的地面。将晶硬剂准备好，机器本身接线应全部放开并搭在操作工肩上，以免机器开动后被卷进转盘，然后安装针盘或尼龙搭扣盘，压在盘好的钢丝棉垫上，启动打磨机如正常即可进行结晶硬化处理。打磨不得少于五遍，直至达到结晶硬化效果。

大理石墙面结晶硬化工艺：将钢丝棉盘成小盘，用尼龙线穿好，以不散开为准，使用调速手抛机将速度调在 200 转以下，将盘好的钢丝棉盘压在手抛机打磨胶头下，在石材表面上试机，以钢丝棉不脱出、不散开为准。启动打磨机如正常即可进行结晶硬化处理。打磨不得少于三遍，直至达到结晶硬化效果。

花岗石地面的结晶硬化工艺：通过试验选择适用的 0 号或 1 号钢丝棉，白色花岗石应选用不锈钢丝棉，盘好待用。以下工作步骤同大理石地面晶硬工艺。

花岗石墙面结晶硬化工艺：选择好钢丝棉，参照大理石墙面晶硬工艺，在抛光机速度与压力上进行调整，直至达到晶硬效果。

使用晶硬粉进行结晶硬化工艺：通过预试验选择使用白垫、红垫（不可掉色）或马毛垫。选定的打磨垫要求干净，不可有沙尘和杂质。大理石晶硬粉用水稀释，呈膏状为佳。均匀压在打磨垫下，启动机器匀速打磨，打磨中可加少许清水，直至石材光亮出现晶硬效果。结晶硬化后必须用清水清洗和玻璃刮板刮干净。花岗石晶硬粉用晶硬剂调成糊状，均匀压在打磨垫下，打磨至光亮，出现结晶硬化效果即可。选择晶硬粉进行地面结晶硬化要保证防滑效果。

14.4.5　质量要求

（1）结晶硬化后，表面镜向光泽度应有较明显的提高，没有磨损的新石材在结晶硬化处理后的光泽度应该超过该石材的国家标准。有磨损失光现象的石材结晶硬化处理后应出现明显结晶硬化层，光泽度至少提高 10～15 光泽单位。

（2）结晶硬化表面镜向清晰度应满足设计要求。

（3）结晶硬化处理不可改变石材颜色，表面无晶硬剂痕迹，无钢丝棉痕迹，无磨痕和划伤等，整体干燥、干净，光泽度、清晰度统一。

（4）结晶硬化表面应具有一定的防滑性。经过结晶硬化处理的石材表面防滑性应达到防滑标准。

14.4.6　注意事项

（1）结晶硬化表面交付使用后，要防止人为磨伤划痕，这种可能性应提前告知客户。

（2）石材表面光泽度低于50光泽单位时，宜先做打磨抛光处理，再做结晶硬化处理；如直接靠结晶硬化处理来提高石材的光泽度、清晰度、耐久性，可能达不到预期的效果。